献给所有渴望优雅气质的女人

优雅的艺术

THE ART OF GRACE
ON MOVING WELL THROUGH LIFE

〔美〕莎拉·考夫曼 著

何雨珈 译

南海出版公司

目录 *Contents*

引言　优雅是唯一不会褪色的美　*1*

第一部　优雅的艺术

3　　　第一章　难忘的天资

27　　第二章　在人群中如何保持优雅

38　　第三章　幽默是最机智的优雅

52　　第四章　优雅社交的艺术

第二部　优雅是一种生活态度

89　　第五章　巨星的优雅

104　　第六章　日常生活中的优雅练习

121　　第七章　艺术彰显优雅气质

第三部 人人皆可优雅

131 第八章 运动也可以很优雅

164 第九章 在优雅的舞台上翩然起舞

185 第十章 优雅是行走的美妙诗歌

第四部 人生因优雅而从容

205 第十一章 压力之下的优雅

211 第十二章 养成令人怦然心动的优雅气质

217 第十三章 优雅不设限

第五部 优雅一生的秘密

235 第十四章 让优雅成为一种习惯

262 第十五章 优雅是一种人生信仰

280 第十六章 优雅生活的技巧

结语 一辈子活在优雅里 *296*

致谢 *303*

泰然自若,独立于世——《优雅的艺术》翻译手记 *306*

引言　优雅是唯一不会褪色的美

巴黎，1962年。一家意大利餐厅。奥黛丽·赫本[1]和导演斯坦利·多南[2]一起与加里·格兰特[3]共进晚餐，谈电影《谜中谜》的合作。赫本一直是优雅的象征，举止文雅高贵，然而那天初见格兰特，她太过紧张，竟然把一瓶红酒不慎打翻在对方腿上。

周围的人开始窃窃私语。这烂摊子如何收尾！

不过很快大家都松了一口气，因为格兰特表现得很是云淡风轻。面对这个意外，他只是一笑了之，接下来忍受着湿毛料裤子贴身之苦吃完了整顿饭，仿佛什么都没发生。赫本自然是深感羞愧，为了

---

[1] Audrey Hepburn，英国著名舞台剧和电影演员，晚年投身慈善事业。
[2] Stanley Donen，导演，享有"好莱坞音乐剧之王"的美誉。
[3] Cary Grant，英国著名演员。

让她更安心，第二天格兰特还给她送去一盒鱼子酱，里面有暖心的附言。

一年后，《谜中谜》问世，大获成功。两位明星主演之间擦出的火花引来各方的热情赞誉。但很少有人想到，这火花早在电影开拍数月之前便点燃了，那本是一场冷冰冰、湿乎乎的意外，却与优雅不期而遇。

优雅，就是与这个世界和解，就算命运把一瓶红酒一股脑儿倒在你的裤子上。

事实上，优雅就像红酒，要比喻得更好，可以说像鸡尾酒。当然，不是你借以浇愁的烈酒，而是那种平衡调和、精心制作的缓和剂，这个料加一点，那个料也融入进来，最后举杯小酌，是纯粹的享受。你见证的优雅也许多种多样，比如某个时刻令人震惊的同情与怜悯，比如罗杰·费德勒奇迹般的正手击球，甚至是就餐高峰期，负责各道工序的厨师之间每时每刻天衣无缝的配合。无论如何，只要见证优雅，就能让你五官舒展愉悦，心情豁然开朗，感觉到那种令人振奋的轻松与平和。

我敢说，一旦优雅降临，我们这个冰冷、艰难、摇摇欲坠的世界，能够变得更好、更适宜居住。

古人也当颔首同意。希腊人创造了"优雅三女神"，也称"美惠三女神"或"卡里忒斯"。传说她们的父母当属世界上最"酷炫"的一族。母亲是阿芙洛狄忒，爱与美之女神；父亲是酒神狄俄尼索斯

（Dionysus）。三位女神是美丽、优雅和喜乐的化身。荷马（Homer）、赫西俄德和品达（Pindar）等诗人都为她们写下深情的诗篇。罗马人给了她们新名字"Gratiae"，这也是英文"grace"（优雅）一词的来源。这些闪耀着神圣之光的年轻女性富有天生的魅力和勇气，总是渴望带给别人愉悦和幸福。她们的任务很简单，就是让生活更快乐、更美好、更容易、更平和。

这些东西，谁又不想多多益善呢？

然而，尽管优雅看上去是水到渠成、自然而然，但看看我们周围，再看看我们自己，却处处是棱角、缺陷与摩擦。简而言之，这是个充满矛盾的世界。

不过，优雅其实是我们每个人都近在咫尺、触手可及的。神经系统科学家和运动学专家一致认为，不管先天的条件或能力如何，每个人都可以具备优雅的品质。你的身体可以完全放松，达到平衡自若的状态；你的动作可以舒缓平静，令人赏心悦目；你可以非常专注认真，从而事半功倍；你可以心怀悲悯，富有同理心。优雅，是一种满足后的沉默，其甩开了喧嚣的骚动，摒弃了外界的侵扰和令你心烦意乱的一切。

我们需要重返优雅。然而人们已经无视优雅这个关键品质，这本是长期以来为人所珍视的东西，也该作为我们所修炼的核心，以使我们的身体融入周围的世界。21世纪的生活啊，人们是如此忙碌，永远在跌跌撞撞地往前冲，内心时常充满抑郁和沮丧。这完全要归咎于我们对别人、对自己的所作所为。过于繁忙的工作、令人紧张的家庭关系使我们心猿意马。于是，关门的时候，不会在意后面还有没有人；低头玩手机的时候，会被马路牙子绊倒；上班总是迟到；忽略了很多重要的东西。看看我们佝偻的身姿吧，原来，早已在不知不觉间养成了很多坏习惯：久坐不动，弯腰驼背，伏案垂头于笔记本电脑。如何优雅地生活，早已被我们抛诸脑后。

曾经，哲学家、艺术家和散文家们都竭尽所能地谈论优雅，描绘优雅，展现优雅。但要找到最近一次对优雅的深度探讨，还须追溯到将近一个世纪前法国学者的论述：1933年，雷蒙德·拜耳（Raymond Bayer）出版了一部有里程碑意义的研究著作，即分上下两卷的《优雅的美学：结构均衡研究介绍》（*L'esthétique de la grâce: introduction à l'étude des équilibres de structure*），庖丁解牛一般将优雅进行层层剖析，有系统有条理。在这部共一千二百页的巨著中，他分析了优雅的本质，将历史上关于优雅的哲学理论作为一个美学的类别，用了很多图表，来记录弹簧形成的弧度、橡胶球弹跳起来的路线，以及短跑选手的步伐。这部著作震惊世人，也有着非常浓郁的法国风格。拜耳描写了动物中"秘密"的优雅，即便是再完美的机器也无法复制；还有女人与猫在一颦一笑中那种共有的女王般的感觉。这个观察令人备感好奇，如果拜耳能活到今天，还能通过观察得出这样的结论吗？我很怀疑。现在你走在街上，还能看到谁的步伐真正魅力非凡、令人着迷吗？从20世纪30年代开始，本来作为日常生活一个层面的优雅，就已经渐渐退却。现在时机已经成熟，我们应该重新去探索优雅、发现优雅了。

而在这个发现之旅中，首选的向导一定是加里·格兰特。

我从事舞蹈评论的工作长达三十年，成年后的整个人生几乎都在见证优雅。不过我在正式从事这份工作之前就对优雅感兴趣了。还在孩提时代，我就痴迷和向往运动。但我患有先天性的心脏病，需到七岁时做手术，所以七岁前，家里严格限制我参加任何体育运动。我一直羡慕地看着别人玩耍、运动，想象自己也在尽情地挥洒汗水。后来，我长大了些，开始去上芭蕾舞课。作为一个十几岁的姑娘，终于实现了长久以来的夙愿——用身体表达感情。

然而，真正让我更深入地将优雅作为一门艺术来思考的，是并未上过芭蕾舞课的加里·格兰特。有一天，我看了1940年拍摄的电影《费城故事》(*The Philadelphia Story*)，被主角加里·格兰特的表演天赋所吸引。他的一言一行干净利落，却又充满深度。表达复杂的感情时熟练敏捷、手到擒来。上一秒还是个巧言善辩的花花公子，下一秒就自然地说出让人无可辩驳的哲理。还有，他用充满活力而又轻松舒缓的方法，演活了电影中被人生精雕细琢、在社会染缸中浸润已久的角色。最引起我注意的，还是他行走坐卧的样子。

《费城故事》中，他扮演了那个著名的角色——仍然爱着前妻

（凯瑟琳·赫本扮演）的前夫。他企图破坏前妻和另一个男人的婚姻，非常注重自己的外表和仪态，努力隐藏起自己复杂的感情。与赫本说话时，他尽量克制，显得满不在乎，但躯干的姿态却非常柔软。那场她再婚前夜他来到她家的戏中，格兰特大步流星地走向她，拉近了两人空间上的距离，表现出他想与之重修旧好的急切心态。嘴上没说出来的，身体语言却已展现无遗：他站在离她很近的地方，身子微微向她倾斜，整个人都是软的，仿佛一只投降的狼，在向对方袒露自己柔软的腹部。这一切，格兰特表现得轻而易举、游刃有余，我们几乎意识不到这是他在用身体表演，而是一种自然流露。就像有时候优美的舞蹈会将你带入浑然忘我的境地。

影视作品会带给我们一些超越自我的可能，所以，可以先去其中寻找优雅的理想状态。我们经常会发现，最有趣、最吸引人的演员们，都是那些举手投足姿态优雅的。想想葛丽泰·嘉宝（Greta Garbo）柔软的身段，优雅的举止和慵懒的步伐；索菲娅·罗兰（Sophia Loren）那种如被催眠般迷蒙摇晃的行走步姿；奥黛丽·赫本总是如舞者行云流水般的身姿；杰基·格黎森（Jackie Gleason），虽然身材高大，脚步却跳跃轻柔；还有丹泽尔·华盛顿（Denzel Washington），行走时如微风在滑行。

优雅是不会大张旗鼓地去引人瞩目的，而是"润物细无声"地去温暖和改变整个氛围。优雅的本质，就是一个平静而惬意的人，将自己的好感觉传达给周围的人们。这个优雅的人，就是我理想的自己。他们实现了我们的梦想,在这个世界存在着、栖居着。所以,优雅的人们才会深深地触动我们的心。他们的一举一动都发自本能,是那样悠然自得,时刻都沉浸在宁静与祥和之中。而你我日常琐碎的生活,充满了笨拙而徒劳的努力,如上气不接下气地追赶公车、火车;总是脱口而出令自己后悔的话语。然而,看看嘉宝,永远像一片轻柔的云一般飘忽来去,没有锐利的边缘,像一块顺滑柔软的绸纱,感觉她在与宇宙深处的某种振动产生着和谐的共鸣。她在《大饭店》(*Grand Hotel*)里走过那金碧辉煌的大厅时那种通身的气派,本身就是宏伟壮丽的风景。也许我们永远也学不来这种美。但她的优雅还有着更宽泛的意义,那就是她的和平安宁、完全沉浸在自我中,这是最让人钦羡的状态。

光想想那些优雅的举动,我们的心中就会响起令人陶醉的乐曲,因为这就是我们最为渴望的画面:一切尽在掌握,却又全然不费力气。掌控当前的局势,掌控我们自己的身体、行为和情感。我们也许觉得自己是在生活的道路上跌跌撞撞、狼狈前行,但窥视一番优雅的举动和态度,能赋予我们梦想的灵感,去向往完美的和谐。

加里·格兰特便是优雅这座舞台上的明星。导演阿尔弗雷德·希区柯克(Alfred Hitchcock)曾经说他是"我一生中唯一爱过的演员",虽然类似这样的高度评价不仅仅来自这位以严苛著称的导演,但他的话有着相当的分量。据说希区柯克认为演员是可以移动的道具。也许这是格兰特获得他青眼有加的原因之一。这位曾经的杂耍和轻歌舞剧演员从来不是个虚有其表的花瓶，他用身体语言进行表演的能力可谓独特非凡。在《休假日》(*Holiday*)中，他漂亮的后空翻轻而易举；《捉贼记》(*To Catch a Thief*)里，爬上屋顶也是小菜一碟；《育婴奇谭》(*Bringing Up Baby*)中，他拉着凯瑟琳·赫本在恐龙骨架上如履平地；到了《西北偏北》(*North by Northwest*)，又毫不费力地将爱娃·玛丽·森特（Eva Marie Saint）拉上拉什莫尔山（Mount Rushmore）。后面两部电影里都是用的单手。如果让他评价这些表演，他大概会云淡风轻地说，这不过是原来耍杂技学的三脚猫功夫。

比这更有趣的，是加里·格兰特对举止的完美诠释。他深谙举手投足能传达的魅力，总是用准确而恰到好处的姿态，抓住观众的眼球，加深一场戏的情感基调。有些动作换任何别的人做出来就完全泯然众人，比如手指在方向盘上不停敲打，或者在正常时耸耸肩膀；他走过房间，迈着散漫摇晃的步伐，或者以专属的姿势，从椅子上站起来，靠在壁炉上。格兰特给这些看似寻常的动作，赋予了戏剧上的目的感和一个艺术家的微妙精巧。这就是格兰特表演的神秘之处，如同莫扎特的音乐一样变幻莫测。戏剧性的张力与游戏人间，自然而然地轻巧共存。而张力和轻巧都同时来自他对别人的言行做出的反应，他用自己的整个身体呈现了非常立体的表演。

然而，格兰特之所以成为优雅的典范，不仅仅是因为他在银幕上的表现。他还拥有一种内在的维度，也就是古希腊人所说的"kalokagathia"：灵魂的美与崇高。关于他绅士品质的故事数不胜数。他和我们所有人一样也有自己的弱点，也在现实生活中挣扎。比如经历了四次离婚。然而虽然情场失意，他在处理这些婚姻难题时仍然谨慎、不失风度。如果说他那种讲究礼节和远近闻名的完美主义没有让他成为一个很好相处的人，那这些品质则成就了他的事业。与他演对手戏的明星稍有诠释不到位之处，他就会故意把台词说得差一些，这样整场戏都需要重来，让对方既能重新来过，同时也保全了颜面。

即使是在很艰难的情况下，格兰特仍然不失善良这一宝贵的品质。女明星英格丽·褒曼（Ingrid Bergman）曾经深陷与导演罗伯托·罗西里尼（Roberto Rossellini）的桃色丑闻，这件事在国际上引起了轩然大波。当时整个社会摆出一副极度道貌岸然的伪善脸孔，从好莱坞到参议院，全都对这位女演员嗤之以鼻。英格丽·褒曼后来说，在为数不多为她发声的人中，第一个站出来的是加里·格兰特。

大约在同一时期，麦卡锡主义盛行，很多人上了政府的"黑名单"。格兰特也以优雅高贵的人格、舍我为他的精神，公开表达了他对查理·卓别林（Charlie Chaplin）的支持。这位和格兰特一样出生于英国的喜剧大师在这场反共狂潮中遭受怀疑，签证被取消。格兰特举行了一场新闻发布会，宣布他告别银幕（那时他未到退休年龄）。

在发布会的尾声，他出人意料地为卓别林辩护，并且发出一个清晰但比较低调的警告：

"我们不应该走极端。"

格兰特的优雅行为可谓习惯成自然，其中包括1940年，美国还未参加反法西斯战争、对抗纳粹时，他就把《费城故事》的所有片酬捐给了英国，资助其战事。

优雅存在于流畅和谐的动作中，也存在于谦和礼让的态度里。而这两者通常是并行共生的。那些姿态优雅的人会让你喜欢与之相处。他们的轻盈姿态来源于与自我的和解，这也是我们被其吸引的原因。如果有什么看得出来的技巧或者刻意追求的完美，我们反倒不会感兴趣。恰恰是那种流畅的仪态传达出来的天性和本质，让我们深深迷醉。优雅与五官长相或练达世故毫无关系，却与怜悯和勇气息息相关。比如，可以对一个遭受大家排斥的人表示欢迎。（想一想《飘》[1]中梅兰妮对郝思嘉那种平静而坚定不移的态度吧，她不在乎所有关于丑闻的谣言，面对那些饶舌的人勇敢地为郝思嘉发声。）我发现，最优雅的永远是那些谦和、含蓄却又直截了当的人。人们会觉得与之相处非常自然轻松，没有任何障碍。

优雅有着深厚的积淀与根源，可以追溯到几千几万，甚至几百万

---

[1] *Gone with the Wind*，小说，也曾改编成电影，又名《乱世佳人》。

年以前。作为哺乳类动物，人类的大脑进化了，可以捕捉和认识到别人微妙的动作表情。早在很久以前，对流畅的欣赏就在我们神经中的"快感中枢"有了一席之地。我们运用流畅、连贯与和谐的动作在树梢生活，我们摇摆前行，我们攀爬奔跑，无论过去还是现在，这样的能力在动物王国都称得上卓然超群。如杂技演员般的敏捷灵活，是人类与生俱来的天赋和能力。

渴望自在地生活，渴望与世界平静地融合，也是人类最基本的遗产之一。这种渴望与我们所谓的"文明"难解难分。

请允许我介绍一个人，其名唤普塔霍特普（Ptahhotep），生活在约四千五百年前的古埃及。那个国度没有任何一座纪念他的金字塔，他只是一位官员，法老的智囊。但他为后人留下了无价之宝，就是这世界上最古老的书本。

你也许以为他那些象形文字记录的是战争中英雄的壮举、皇家贵族的墓葬所在，或者赋税收入的情况，就是那些我们所知在古时特别重要的事情。但普塔霍特普笔下所书的内容完全不同。他写给自己儿子的箴言录，被学者们描述为世界上第一部有关道德哲学或礼节的著作。但这些标签未必准确。普塔霍特普并非是在规定是非对错，他的书也并非仅仅关于礼貌言行。他当然用了很多笔墨来写对权威的尊重和敬拜，这是作为皇族内阁的必然（毕竟这还是写给儿子的教导）。但他也敦促我们，要"面目光辉"、慷慨大方与谦卑和善地与周围的普通人相处，显示对他们的尊敬，让他们觉得舒适自在，饱受重视。普塔霍特普写作箴言录的真正目的，是促进社会和谐。

在他看来，公元前25世纪的社会文明处于分崩离析的状态：孩子不遵从父母；贪婪与无礼甚嚣尘上；围坐桌前的人们总是埋头大吃特吃，毫无半点节制；抑或彼此争吵，从不耐心倾听；各个领袖也越发有专制主义的倾向。所以我们这位作家的鼻祖，写成了这部书，成为人类文明的原始文本，其巨细无遗，拼尽全力，致力于让一切回归到正确的轨道，请求人们多一些理解、关爱。

"善良乃人之丰碑。"他写道。在子孙后代的眼中，"温柔和善之醒目，胜于声色俱厉。"还有，"夫位高权重者，当以渊博知识及和善可亲流芳百世。"

换句话说，就是要从自以为是的沉迷中解脱出来，关注周遭的人与事。心里要装着他人。这个主题在普塔霍特普的箴言录中不断得到强调。他劝告天下的丈夫，要爱自己的妻子，生病时送水端药，平时满足其华服美食，还要给予爱的关注。他号召领袖们礼贤下士，耐心谦和，在他们说话时不要粗暴地打断，"他人恳谈之时，汝当和善静听。"（他一直强调在别人倾诉和抱怨的时候要安静地倾听，可以推断在他所处的古埃及第五王朝在朝者普遍比较暴躁、没有耐心，众人士气比较低落。）他认为当权者应该给后世留下悲悯与同情的品质，于是在书中写道："莫因他人趋奉而扬扬自得；与圣贤论道，亦与白丁往来。"

历史的车轮滚滚向前，人性所着重的品质并未有大的改变。经历茫茫岁月，其传播媒介从古埃及的莎草纸到羊皮纸，从书本到影像，普塔霍特普的箴言依然掷地有声。这个古埃及官员所倡导的社会敏感性被世世代代奉为真理，比如古雅典，比如文艺复兴时期的意大利，再比如殖民时代的弗吉尼亚。当时当地，十几岁的中学生乔治·华盛顿（George Washington）交出了出色的作业，他用硕大的花体字抄写了《礼貌行为准则》（*Rules of Civility and Decent Behaviour in Company and Conversation*）。书中写到的110条行为准则，华盛顿用了自己的余生去遵守和践行。《礼貌行为准则》是弗朗西斯·霍金斯（Francis Hawkins）[1]出版于1640年的《得体行为与言语》（*Youths Behaviour, or, Decency in Conversation Amongst Men*）的简化版本。这本书里的行为准则是霍金斯翻译自16世纪法国耶稣会教徒，而这些教徒搜集整理的准则，很有可能是借鉴了古典时代的宫廷传统习俗。这些习俗倡导人们为人处世时，要像古老的尼罗河一般，以博大胸怀给他人以滋养。

"不要刚愎顽固。"华盛顿手抄的第66条准则写道。刚愎顽固就是任性自负。这条准则继续写道："要友好谦恭。"第70条准则写道："对他人的缺憾，不要横加指责。"第105条写道："与他人共处一桌，不管发生什么，莫要失态动怒。"

---

1 英国耶稣会教徒和翻译家。

毫无疑问，普塔霍特普的观点根植于更早的时期。这些观点表达了人类存活于世的理想愿景：轻松自在地生活，避免摩擦和冲突。从最早的历史记载来看，人类对此渴望已久。这其中就蕴含着优雅的吸引力。优雅代表了一种协调和完满，即一个人最高贵的所有愿望和行为和谐地融为一体。

要寻找这种理想的和谐状态，不仅需要皇权贵胄，还需要上流社会与中产阶级在日常的私生活与公共场合做出努力。比如，在整部《费城故事》中，我们就不断听到这样的感召。其中的父亲角色像普塔霍特普那样教育自己的孩子。

"你有良好的思想，姣好的面容与听指挥的身体，"演员约翰·哈利戴（John Halliday）饰演的贤明家长对凯瑟琳·赫本饰演的尖酸刻薄的冷漠女儿说，"你拥有一切可爱女人的品质，唯独缺失了最重要的一项：一颗宽容理解的心。"

电影里，加里·格兰特的角色完美地从反面衬托了这个女儿。因为他身上具备一切可爱男人的品质：良好的思想、听从指挥的身体，当然，最重要的是他善解人意的心。无论是在遥远的古代，还是在那个好莱坞的黄金时代，抑或是我们所处的现在，这都是优雅的三个本质。

如果要给现在下个定义，我会说这是"优雅缺失"的时代。我们整日奔波劳碌，眼睛盯着屏幕，耳朵塞着耳机，思想飘到很远很远的地方,根本注意不到我们给别人留下的印象,无论是身体还是情感。我们这个社会啊,总是焦躁不安,支离破碎,你争我斗,在很多方面都与温柔、理解为敌。大众流行文化以羞辱和冲突为乐。"我对你的痛苦感同身受"变成一句陈词滥调和不真诚的谎言。

近年来,研究者发现,年轻人越来越缺乏同情心,并随之越来越自我迷恋。2010 年,密歇根大学(University of Michigan)的一项研究发现,与三十年前相比,现在的大学生同情心程度降低了 40%。下滑得最厉害的时期是在 21 世纪之后。另一个系列的试验发现,上流社会的人们正面临着"同情心缺失"的危机。越富有的参与者,越难体察别人的情绪。想想这对于他们意味着什么吧,意味着他们不去关注别人的观点,不去超越自我表现的渴望,不去考虑自己的行为造成的整体影响。

我们很容易把优雅与那些曲高和寡的所谓"上流生活"联系起来,比如皇家婚礼、国宴、歌剧院,等等。我们觉得那些举止永远正确的人是优雅的,比如总统夫人杰奎琳·肯尼迪(Jackie Kennedy Onassis),她的社会地位要求她留给大众的印象必须经过精心的设计。的确,我们也对其风度印象深刻,那优雅经过了打磨,泛着清冷的光辉,如同珍珠光洁的表面。

但这种刻意修饰过的优雅于我们普罗大众并无多少借鉴意义。

伟大的意大利画家卡拉瓦乔(Caravaggio)总是坚持自己画作的对象要"接地气"。他的画作总是充满活力,令人振奋。他画笔下的

17世纪圣人们多姿多彩，真实生动。他们胡子拉碴，他们脚沾泥土。年轻的散发着某种迷人的魅力。他画圣母马利亚，会找认识的妓女做模特（他很有可能也深爱着这些女人）。这些人物的优雅是原始粗犷的、活生生的，有着真实的瑕疵，却来源于对生命张开双臂的拥抱和热爱。这种难得的优雅令我如痴如醉。而回望过去，细看今朝，也能发现这种充满生命张力的优雅，比如底特律为公民权利奔走呐喊的年代；比如今天为摇滚演唱会勇敢攀爬到高处悬挂彩灯的幕后工作者；比如网球场上挥洒的汗水；比如郊区街角流露的善意；比如为帕金森患者开设的舞蹈课。

这些事迹给我们之中自认为笨拙粗鄙的人带来优雅的希望。优雅是美好而普遍的。人人都有优雅的潜力。通过长期的践行，我们大家都能获得"优雅"这项技能。

然而，优雅也总是被忽略，即使被略微感知到，也很难被辨明。"优雅是美最崇高，也最难实现的形态，"颇具影响力的18世纪苏格兰哲学家托马斯·里德（Thomas Reid）如是说，"笔者认为优雅无法定义。"哲学家最擅长的事情就是给事物下定义，那么里德为何在写到优雅时词穷了呢？

我写这本书，就是想定位优雅，探讨优雅。发现别人的优雅能让我们自己也感受到一些他们的轻松自在，并且当我们感同身受而融入和谐之中时，就能享受一种更高级别的生命活力。尽管也许仅限于想象，那也能创造奇迹了。我们对优雅注目越多，我们自己也更有可能变得优雅起来。想象的第二步就是实践：对自己的举止进行自我管控，变成一个风度翩翩的人。也许，你很快就能拥有与葛丽泰·嘉宝如出一辙的举手投足，一颦一笑。

第三步是欣然面对世界，关注他人。

我所谈论的优雅，是日常生活中的优雅，比如诚实，比如放下戒备。这种优雅是要经受考验的。人生的起伏和挫折最能体现优雅，如一文不名时，这种优雅最为显见。我们最简单的举动中往往蕴含着优雅：关注他人，让微妙的变化、轻微的动作和突如其来的善解人意都变成真诚一刻。我们所要做的，只是寻找和实践。

开门见山地说，优雅在于"注视"。如果探索"注视"这个词的根源，意思其实是"彻底完全地占据"。你不仅仅看到某样事物，而且去占据它。你感受到它加于你身体上的重量；你将其作为甘泉佳酿一饮而尽；你像嗅闻婴儿柔软温暖的发丝一样去嗅闻它的芬芳。优雅的行为，是感知上的冲动与激情。

那么，让我们拥有一双注视的眼睛，去欣赏周围的优雅举止与优雅的人群。在将优雅作为人的艺术去探讨，并讲述岁月历史中优雅行为的传承之前；在观察名人的优雅，在踉跄挣扎与跌倒挫折中去发现优雅之前；在探索雕塑、绘画、舞蹈、运动、科学和神学中的优雅之前，我们先来讲讲这个男人。就是这个男人，让我完全体会到优雅的风味，胜过我观看的所有《天鹅湖》演出，以及其中所有的芭蕾舞演员。

第一部
优雅的艺术

第一章
难忘的天资

人类的身体，是人类灵魂最好的体现。

——路德维希·维特根斯坦（Ludwig Wittgenstein）

1959年上映的《西北偏北》，是希区柯克导演的惊悚片。影片的高潮部分，主角在一架作物喷粉机的追杀下惊险逃生，来到拉什莫尔山山顶。而这一切的险象环生与精彩纷呈，开始于最最普通的场景：一个男人走在走廊里。

但因为这个男人是加里·格兰特，这场景就绝不普通。他迈出的第一步就俘获了观众的心。那敏捷干脆的大步流星，那种稳定镇静的节奏韵律，像钟表有条不紊的嘀嗒声，传递了丰富的信息：目的明确，感情清晰，卓越高效。我们注视着他一边从电梯里迈出步子走上街头，一边对身边的秘书吩咐叮嘱各种事项。格兰特扮演的是一个名为罗杰·索荷的广告人,他用无声的举动告诉我们,罗杰是个真诚有心的上司,举手投足中带着轻松自在。对秘书说话时,他的身子自然地向她倾斜;他对自己的工作带着自豪和满意,对助手也是礼貌谦恭,充满绅士风度。他柔滑醇厚如陈年威士忌,每多做一个动作,都让我们更为心动神迷。

在这场戏中,格兰特的台词远没有肢体语言重要。吸引我们的全是他举手投足间的迷人风姿。实际上情况总是如此。格兰特呈现了一个永恒不变的真理:最能吸引我们热切目光的,是行动中的人体。因为行动的方式能讲述丰富的故事。

一个人在空间中的行动是我们最原始的感知。就像动物与动物之间对彼此体味的敏感。我们的大脑和所有哺乳动物一样,随时可以接收和感觉别人的肢体语言。大多数人都会觉得,不紧不慢的流畅动作比着急和忙碌更吸引人,特别是如果这种流畅是富于变化的、经常有一些出人意料的瞬间。想想在自然世界中那些最吸引人注意力的事物:平静的溪流也许会因为单调让人心生厌烦,而一片羽毛在风中变幻莫测地旋转飘移却能让人兴致盎然地专注。

优雅的动作是风中飞舞的羽毛:流畅平稳,然而莫可预测。这种变化无常的流动特性贯穿于本书所有关于身体优雅的事例中。这种特性是如此微妙,你也许都无法清晰地注意到。然而,当演员、舞者、运动员或任何人的动作流畅和谐、却又偶有惊喜的变化时,你的双眼一定寸步不离地跟着对方。

身体是最直接的感知。优雅是在身体与身体之间传递的轻松自在。当我们目睹优雅，就会感受到我们自己的身体对轻松自在产生的共鸣。优雅的人们会使我们感觉愉快。

毫无疑问，格兰特拥有略带阴沉的美、文雅的措辞和饰演喜剧的天赋。但他身上最让我着迷的，并且我相信也是让他至今引人注目、魅力不减当年的原因，就是他优雅的身体，是他通过肢体动作的细节创造流畅的表演的能力。这远不止单纯的表演或肢体语言那么简单，而是一种通过动作来表现人物内心情感的表演艺术，吸引人的眼球，又直抵人心。

这种流动性是恒久存在的，每一个角色都是如此。他走路的样子，他把手滑进口袋的样子；他滑稽夸张的动作，他跌倒在地的惨样，就算是恐慌的时刻，一举一动也设计得那样的恰到好处，一点没有笨拙与不雅（有谁能像他那么有型地在田野中冲刺呢），甚至他站立的样子也是优雅的典范。就是站在那儿不动，也能持续不断地给予你感官刺激。也许只是微微偏一偏头，也许只是目光突然变得炯炯有神，或者稍微朝他的角色暗恋的人斜一斜肩膀。他的动作总是很利落、很简化，但却表达了千言万语。当然，这让导演们将他奉为至宝。

格兰特"从不浪费银幕上的一分一秒"，艾伦·帕库拉（Alan J. Pakula，导演，作品包括《苏菲的抉择》《总统班底》）如是说，"对于他来说,每一刻都有重大意义。"

如果仔细去寻找,就会发现,格兰特在所有参演的电影里,都完美呈现了身体的优雅。1940年的电影《女友礼拜五》(*His Girl Friday*)中有一幕是特别好的例子,格兰特用最细微的方式,与观众进行了极具说服力的沟通。格兰特饰演的报纸编辑沃尔特·伯恩斯和他的王牌女记者——前妻希尔迪(罗莎琳德·拉塞尔饰)之间擦出的火花贯穿了整部电影。但在特定的一幕中,格兰特精确细腻的身体动作,成就了最令人称道的入木三分的表演。男主角和自己仍然深爱的前妻以及前妻的新未婚夫布鲁斯(拉尔夫·贝拉米饰)共进午餐,席间气氛礼貌而拘谨。沃尔特一心想要告诉前妻,她的幻想、她认为近在眼前的家庭天伦之乐是多么天真和愚蠢。

"啊,是啊,和妈妈一起的家,"他表现得十分热情,接着他发出微妙的轻笑,笑到一半又憋了回去,一边摇晃了一下肩膀,"也在奥尔巴尼呢!"这真是极具杀伤力的讽刺,然而又那么蜻蜓点水,难以捉摸,以至于布鲁斯根本没注意到,而希尔迪当然明白,观众也了然于胸。格兰特把那一刻的复杂感情演奏成完美的交响。

在为这一幕做铺垫的过程中,格兰特的一举一动都吸引着我们的目光。他的双肩一直微微耸着,直到话说出口才放松下来,与此同时,微妙的动作开始了,他从脖子到整个西装外套仿佛都在大吼:前妻正在犯一个愚蠢的错误。他没有过分横加阻挠,动作中没有任何任性和放纵,只是肌肉让人难以察觉地松懈下来,如同山谷微弱的回声，如同湖面上安静的涟漪。然而那种情感的波动也传递给了剧中的前妻以及观众。

如此一来你就能更为深入细致地了解他。他的内在品质投射在外在的动作中。格兰特是这方面的天才，他向我们展示他的为人处世，是通过这种舞蹈一般的存在，那么微妙，那么迅捷，却比任何语言都更有力。

《女友礼拜五》的导演是擅长表现丰富情感的霍华德·霍克斯（Howard Hawks），应该说，在完全释放格兰特身体的丰富表现力上，他是功不可没的。他和格兰特都相当享受那种瞬间的即兴创作。两人合作了五部电影，包括与凯瑟琳·赫本合作的《育婴奇谭》，格兰特在其中塑造了一个糊里糊涂、嬉皮笑脸的角色；还有《唯有天使生双翼》（Only Angels Have Wings），《战地新娘》（I Was a Male War Bride）和《妙药春情》（Monkey Business）。不过，早在来到好莱坞之前，格兰特就深知这种让一切看起来不费吹灰之力的优雅身体表达有多么惊人的力量，是优雅支撑着他度过了艰难的青少年时代。1904年，格兰特出生在英格兰布里斯托，取名为阿奇博尔德·里奇（Archibald Leach）。他是家中独生子，九岁的时候，母亲悄无声息地消失了。格兰特的父亲把她送进了精神病院。数十年后，父亲才告诉儿子他妈妈失踪的真相。

格兰特的童年充满了无法消解的忧愁和孤独，他一直梦想登上蒸汽轮船，偷偷从布里斯托的港口远走高飞。后来，他在举行各种表演和滑稽剧的新马戏场觅得一份后台的工作，逃离的梦想成为现实。那时的格兰特刚满十三岁，他一头扎进新工作中，工友中不乏与他人格格不入、不善交流的杂工，他们热烈欢迎了这个不幸的少年，帮助他在剧场中找到全新的存在感。

那时候，杂技演员是很多音乐厅的台柱子。十四岁的时候，格兰特也从幕后转到台前，演起了杂技，加入了一个马戏团。团长叫鲍勃·潘德（Bob Pender），据说团里都是"玩杂耍的"（1931年出版的训练手册《杂耍入门：完全图解》中就描述了流畅轻快的杂耍艺术，可以说是对格兰特在很多电影中表演艺术的总结）。"大体上说，从头到尾就是一场设计好的烂摊子，令人开怀大笑。对话必须巧妙新奇，而整个过程中的行动则需要敏捷的即兴发挥。"潘德是位著名的小丑，而他的妻子一直在巴黎的"女神游乐厅"跳芭蕾舞。格兰特从他们身上学到如何掌控自己的身体，在一言不发的情况下，用身体来讲故事。

"和马戏团一起在英国各郡巡演，我越来越欣赏哑剧艺术。"多年后，格兰特在一篇自传性的文章中写道：

> 我们的表演没有对话。每天，在没有任何布置的舞台上，在鲍勃·潘德专业的指导下，我们不仅要学习如何跳舞、摔跤和踩高跷，还要学习如何在没有台词的情况下传递情感或表达意思。如何不发声地与观众交流，还要使用最精简的动作和表情；

如何做出最迅速和最准确的情感回应：有时是一声大笑，有时是一滴眼泪。我们那个时代最伟大的哑剧演员，都可以两者同时进行。

"令人惊讶的是，表演最为精妙的哑剧演员，竟然是希区柯克。"格兰特写到这位出色的导演。两人一共合作了四部电影，部部成为传世经典（《深闺疑云》《美人计》《捉贼记》，当然还有《西北偏北》。有人评价说这部电影对于两人来说都是最伟大的作品）。不过，事实上，希区柯克沉默的表现力并非出人意料，他的职业生涯起源于制作紧张而富有情感起伏的默片。他对动作和韵律有着超乎常人的敏感，是个舞蹈教练般的导演。

但仅有身体上的技能当然远远不够，格兰特很清楚这一点。为了让自己的表演出类拔萃，他必须让一举一动看上去不费吹灰之力。格兰特开始拼尽全力地学习和模仿。

"每次在剧场后台，我都会密切注视那些占据报纸头条的著名艺术家。看得越多，就越钦佩他们，也越来越认识到，要如此专业地把握舞台时机，带着一种不受周遭影响的自信，需要多少勤奋、投入和时间。我知道，轻而易举的背后，是多少艰苦的努力。"他写道，"我用尽一切力量，让自己的一举一动至少看上去很轻松。也许，这种外在的轻松最终能让我的内心也轻松自在。"

1922年，格兰特跟随潘德来到纽约，剧团接到很多邀请，要在城里表演独轮车、魔术和小丑喜剧。这期间的生活一直很规律，舞台上舞台下两点一线。从演员到幕后的所有人，都在踩着一分一秒赶场和练习。格兰特住在集体公寓里，自己洗熨衣服。著名喜剧演员乔治·伯恩斯（George Burns）和格雷西·艾伦（Gracie Allen）来纽约表演时，他抓住时机在后台学习两人对喜剧舞台的时间把控。他还习惯了在没有排练的情况下顶替别人上台，甚至直接在舞台上即兴表演。他和马戏团一起做全美巡演。但后来，潘德回到英格兰，格兰特却留了下来。

最终，他进军好莱坞，改了名字，成了明星。但他一直不忘当杂耍演员时学到的东西：优雅，其来源于勤奋努力。你看他举手投足如翩翩公子，毫不费力，可知背后有多少勤奋努力与仔细观察，还有他从后台侧翼学到的其他种种。格兰特的优雅有多种多样的形态：比如《休假日》中精彩的后空翻，合作演员也是凯瑟琳·赫本，主要是为了吸引她的眼球；再比如《春闺风月》(*The Awful Truth*)中即使失态也能假装一切尽在掌握的镇定，想要把快要离婚的妻子（艾琳·邓恩饰）搞婚外情的事情抓个现行；还有《主教之妻》(*The Bishop's Wife*)中那种无比克制而又十分怪异的平静与圆滑，那些精妙的动作细节，都深深说服我们，他不是个破坏别人家庭的坏男人，而是一个真正的天使，是上帝从天堂派下来，带长期被丈夫忽略的洛丽泰·扬（Loretta Young）去滑冰，买帽子送给她，做她完美的柏拉图恋人；《燕雀香巢》(*Mr. Blandings Builds His Dream*

House）中也是如此，虽然是个缺点多多的凡人，但他走路时奇特的脚步却让这个人物引人注目，那略微畏缩的身体啊，难道没有道尽中产阶级男人面对枯燥与单调的无奈，这个平凡的肩膀上，落满了生活的尘灰。

格兰特的优雅，在于他那突如其来而不自知的自发性，甚至反过来给予了霍华德·霍克斯表演的灵感；也在于他每时每刻，从头到脚的协调和对自我的把控。他把杂耍演员的表演技巧雕琢得更为流畅，变成更加微妙的表演风格：低调、轻松，但从不被动。不管塑造的角色是多么无忧无虑、漫不经心，格兰特始终保持着一种身体上的活力。这种警觉可以直接追溯到他做杂技演员时对于身体表演的热爱和猫一样敏捷的反应力，以及他多年来努力学习如何通过身体动作吸引观众的经历。

就算是静止不动，格兰特也能把我们惊得目瞪口呆。电影《金玉盟》（*An Affair to Remember*）中，一场车祸让黛博拉·蔻儿（Deborah Kerr）无法去见她日思夜想的格兰特。骄傲的她不想让他知道自己因为车祸半身瘫痪。所以她只是一言不发地退出了他的生活，没有做任何解释。接下来的整部电影中，格兰特如同一只受伤的猛兽，表面无动于衷，暗地里痛苦不堪，认为自己被深爱的女人欺骗、抛弃，直至多年后两人再度偶遇，他仍然认为她背信弃义。

接着，在滔滔不绝、甚至有些针对蔻儿的质问中，格兰特话说到一半，突然戛然而止。他终于意识到蔻儿对自己隐瞒了什么，很多线索在他脑中闪现,他的自怜自艾顿时没了踪影。那一刻,时间静止,痛苦绵延。他心中的某种东西迅速打开了。他的表情准确地传达了这种情绪:恍然大悟、追悔莫及以及无限的爱意。一瞬间,他完全明白了蔻儿的苦心。在那一刻,格兰特的角色就在你眼前诠释了何为"优雅"。他被伤害的自尊自傲与重新苏醒的道德感互相冲撞,他完全变成了另一个人。我很少为哪个人的表演而哽咽,是那种心肠比较硬的观众,总是剧场里双眼最干涩的那个。然而,这一幕却总是让我热泪盈眶。

我从没目睹过比这更为精简、更为平静,却暗流涌动的电影场景。很多演员会运用一种刻意的空白,让你去想象他们内心的情感。这也是引人好奇的一种方法。我说的是蒙哥马利·克利夫特(Montgomery Clift)、保罗·纽曼(Paul Newman)等一众演员。但这种表演无法给予我们那种紧迫与尖锐的情感交流,这是我们从格兰特用优雅进行优雅诠释的感情起伏中最大的收获。其他演员的表演力没有那种巨大的情感落差,能净化表演,同时又丰富表演;用最精练的动作和语言(特别是身体语言),准确传达复杂的感情,让我们身临其境,感同身受。

比如,电影《正午》(*High Noon*)中,加里·库珀(Gary Cooper)迅速而不耐烦地穿过小镇,去往教堂,他觉得自己能在教堂信众里召集一帮人。结果他无功而返,回来的路上,脚步变得缓慢而痛苦。他一言不发,但那种沉重已经清晰地通过动作传达出来。

看着他，你也会心痛不已。

在挖掘和调配加里·格兰特优雅的肢体上，希区柯克堪称大师。要研究格兰特的动作，《西北偏北》是必看的作品。这部电影就像一部完整的芭蕾舞剧，精练紧凑，超越情感之上。先不说其他，仅是伯纳德·赫尔曼（Bernard Herrmann）创作的引人入胜、旋律紧张的音乐就让人折服。故事的展开也遵循经典的芭蕾舞剧结构，在运动画面的增强中，使剧情从简单到复杂，其围绕的中心是男女主角出色而克制的双人对手戏，以及格兰特精彩华丽的"独舞"。

毕竟，在这部电影中，这个幽默善良的广告人为了躲过小飞机的追杀拼命奔跑，他的步伐痛苦压抑，让观众清晰地看到，即使是在广阔的天空下，他也是那么茫然，如同一头困兽。他起身跳入一片烟尘中时，那种舒展，那优雅美好的身材，怕是俄罗斯蜚声国际的芭蕾舞明星米凯亚·巴瑞辛尼科夫（Mikhail Baryshnikov）也要暗暗羡妒呢。后来，格兰特甚至还做了令人震惊的后空翻和倒立，躲过了爱娃的枪击。一切的喜剧元素、张力和浪漫、紧凑的节奏以及纠葛复杂的情节，都蕴含在他充满活力的颀长身体之中。

古往今来，艺术家、诗人和伟大的思想家们都认为优雅是魅力与吸引力的源泉。"缺乏优雅的美，"拉尔夫·沃尔多·爱默生（Ralph Waldo Emerson）写道，"无异于缺少诱饵的鱼钩。"此言不虚。如果没有优雅带来的那点诱人的甜香，美也是冰冷的。比如，凯瑟琳·赫本,我认为她是个很出色的女演员,但却没那么优雅。不是说她体形瘦削棱角分明,或者性格上有什么缺陷。她很美,天生一副好骨架,内心坚强无比,浑身上下散发着精心修饰的完美光辉,然而却不优雅。为什么呢?优雅是简单的,毫不费力的,平静安宁的。赫本太过刻板尖锐,表演技巧当然无可指摘,但少了那点轻松自在。她在多部电影中留给观众最深刻的印象,就是那种断续的跳跃感,像是有人把门铃按得嗡嗡作响,或是刺骨的寒风中鼓动的风帆。

现在,我们来说说另一个赫本。奥黛丽·赫本轻盈纤弱,温暖柔和,电影场景中,她真正在用心倾听,这一切都让她显得敏感聪慧又轻松自在。她能够通过表情和十分协调的舞者一般的身体来表达自己的同情,这也是优雅的一种。19世纪英国文学评论家威廉·哈兹里特(William Hazlitt)曾定义女人的优雅,说那是一种"习惯成自然的品质上的性感,建立于自身的感觉之上,从周围的一切获取愉悦,比任何吸引力都更加难以抵挡"。这话简直就是奥黛丽作品《蒂凡尼的早餐》(*Breakfast at Tiffany*)中女主角的真实写照。瘦削、高挑的奥黛丽有种朴素的典雅,就像北欧的家具。她的身体并不丰满香艳,但她的确有一种性感的特质。一双灵动的眼睛与天真无瑕的激情,让你确信无疑,她的感官全都在热烈燃烧,她全然活在当下,丝毫不带偏见,也不妄加评判。优雅,让美丽有了温度,更加不可抗拒,因为优雅是开放的,是寻求愉悦的,是慷慨的,是性感的。

我们能感觉到,优雅的人给予了我们什么,让我们产生了真实的人性的联结,就算这联结完全出自我们的想象。

一天,我有幸与丽塔·莫雷诺(Rita Moreno)共进午餐并讨论这个问题。一见面这位女演员的优雅就给我留下了深刻印象:八十二岁高龄的她,走起路来依然带着舞蹈演员的底子,流畅柔缓,轻盈自在。"修炼"成这样,在她也是自然,多年从事表演事业,曾经因为对角色"安妮塔"的诠释获得奥斯卡奖,登上事业巅峰。安妮塔是音乐剧《西区故事》(West Side Story)中的角色,一个风风火火、自信骄傲的波多黎各女人,遭遇性侵之后顽强地活下来。那个年代的明星既要会演戏,又要能歌善舞,身体的优雅是从事其工作的必要条件。莫雷诺是少数几个从那个年代活到现在的明星之一。

当时我们坐在华盛顿市中心一家餐馆靠窗的位置,正值午餐高峰,我们聊起她在饰演《西区故事》时遇到高难度的舞蹈。突然间,莫雷诺就给我来了个即兴表演。安妮塔的舞步是她职业生涯的杰作,而到现在她都没忘。这位老太太突然跑到人行道上,拉高裤脚,仿佛是安妮塔提起自己紫色的裙角。她唱了起来,爵士乐的节奏,像摩尔斯电码,"嗒—嗒—嗒,嗒—嗒—嗒,嗒—嗒—嗒!"她的双脚踏出舞步,节奏鲜明,干脆利落。她的双肩摇来摆去。"砰—砰—砰!"一只脚扫到一旁,莫雷诺把头向后甩,眼前活脱脱就是一个旋转的安妮塔,踢出的一脚仿佛要炸开的火花,另一只脚则踏着节拍在计时。

还有什么比这更性感!她的双肩耸动着,嘴里发出"呀嗒嗒—

呀嗒嗒"的哼唱，穿着便鞋的双脚踢出去又收回来，如同敏捷的小鱼。我被眼前的情景完全控制住了。还需要喝什么美酒佳酿，光是这场优雅的展现就够我如痴如醉。跳完以后，她金丝眼镜后面的双眼显得那么硕大明亮，双颊泛着美好的粉红色。

"我们都是老古董了，"莫雷诺说，又轻盈地回到桌前，"乔尔·格蕾，我自己，还有琪塔。"琪塔指的是琪塔·里薇拉（Chita Rivera），最先在百老汇的舞台上表演安妮塔的演员。"我们真的老得像恐龙了。我不认识几个全才了。人人都是专攻某个领域的。"

我问她，表演者的才艺比较局限，远离身体上的优雅，是不是我们的损失。她盯着窗外看了一会儿："音乐剧演员能够直接赋予人物一种特质，就是身体上的灵活流畅，非常了解自己的身体并且得体地运用。"她说着又转向我，"现在很多演员都显得很笨拙。非常笨拙。我觉得趁年轻，多做一下形体的训练，是非常重要的。因为这真的能让你迈入演艺事业的新境界。克里斯托弗·沃肯（Christopher Walken）动起来就很棒，他很迷人，不是吗？他的举手投足情感如此丰富，我觉得这是来源于他真正了解自己的身体。这是很多演员缺乏的。他们真的很僵硬。"

我同意她对沃肯的评价。专注于电影事业之前，他跳过舞，参演过音乐剧。而曾经那种充满跃动的活力也从未离他远去：在史蒂夫·马丁（Steve Martin）的喜剧《天降财神》（*Pennies from Heaven*）中，他来了一段出色的踢踏舞，管他演的是坏人还是混混，反正他充分利用了自己协调而富有表现力的身体，让一切看上去轻而易举。这真是既诡异又美妙，因为他演的可是大反派。

如今的剧场演出中，演员形体的重要性已被忽略了。"很多演员以为表演不过是说台词，这真让我惊讶。"约翰·蒂夫尼（John Tiffany）如是说。他是百老汇音乐剧《曾经》（Once）的导演，还因此获得了托尼奖。当时他正在跟我阐述演员要运用丰富的、深邃的肢体语言的原因，而且不仅仅是在《曾经》这类浪漫爱情音乐剧中，在《黑色守望》（Black Watch）这种描写驻伊拉克苏格兰士兵的严肃悲剧中亦如此。其也是他导演的作品。"戏剧演员需要兼具运动员和音乐家的能力。不仅仅音乐剧和百老汇需要这样的能力，所有的戏剧舞台都需要。"

如果说优雅的形体在戏剧舞台上已经少见，那么在大银幕上几乎可以称之为完全消失了。如今特别缺失的是优雅的男演员，取而代之的要么是魁梧粗野，要么是如普通人一般的圆肩驼背。很多男演员根本没经历过电影业前辈们那种正式的舞蹈和形体训练。大概在半个世纪前，心理分析取代了基本训练，演员工作室和体验派表演法悄然兴起。心理现实主义、内在动机和深层次的精神准备成为电影艺术的潮流。精神实质超越了身体上的表达。演员开始质疑导演的要求：非要一举一动都设计得那么准确吗？非要那么到位吗？

希区柯克在一次采访中谈起自己1953年的电影《忏情记》（I Confess）时，抱怨演员蒙哥马利·克利夫特，他在片中扮演有谋杀嫌疑的牧师。他说克利夫特的"表演方法太难以理解"。希区柯克说，在一场戏里，"我请他向上看，这样镜头就能切到他眼中街对面的大楼。结果他说，'我不确定是不是要向上看'……我说，'要是你不向上看，我镜头没法切了。'整个拍摄过程都是这样"。

我和戴维·汤姆森（David Thomson）谈了这件事。他是英国电影评论家和历史学家，也是电影行业基本参考书《电影传略新词典》(*The New Biographical Dictionary of Film*)的作者。（在书中，他说格兰特是"影史上最出色也最重要的电影演员"。）

体验派表演法流行起来之前，"美国的表演艺术基本和英国的表演艺术一致，演员形体上的优雅相当重要，"托马斯告诉我，"大概到了马龙·白兰度时代前后，演员的形体突然就变得不优雅了。"

笨拙、含混地粉墨登场，敏捷、流畅地黯然离去。宽泛地说，20世纪中叶这新的一茬演员基本都与格兰特和其他一些优秀演员形体上的优雅南辕北辙。与《忏情记》同年问世的《乱世忠魂》(*From Here to Eternity*)便是这种分离割裂的鲜明例子。电影的主创团队有伯特·兰卡斯特（Burt Lancaster），曾经的运动员和秋千飞人杂技表演者，身体美得如同雕像，在衣冠的包裹之下也永远热辣性感。兰卡斯特将形体之美展现得淋漓尽致；他诠释的军官沃尔登充满了原始的力量。与之相比，共同出演的年轻演员蒙哥马利·克利夫特饰演的帕维特过于固执，过于沉迷在过去，令人难生好感。他寻找的，只不过是属于自己的真相而已。看过电影的人，还记得兰卡斯特与黛博拉·寇儿那场冲浪的戏吗？一个吻，一波浪，永远地涌动在观众心中，是爱情戏永远的高峰。真相什么的，见鬼去吧。他们美妙的身体，需要彼此相连，只有克利夫特这个独行侠，才忙着去诠释灵魂。

"现在，演员工作室很流行，"汤姆森说，"其热衷于探询内心的真相，放弃仪态的典雅和准确清晰。我们趋之若鹜的表演风格，是要更多地去探求什么奇怪的个人真相。"

20世纪中叶以前，在电影行业，演员们对于自己的仪态有更为细致的关注和修饰，并且更善于运用技巧来表达角色的复杂和丰富。演员们受到崇拜，不仅因为俊美的外表，还有他们行走坐卧的样子，他们掌控自己身体的程度。外表的典雅，其实是内心典雅的一个信号。亨弗莱·鲍嘉（Humphrey Bogart）和詹姆斯·卡格尼（James Cagney）都有着出色的形体动态。鲍嘉以引人注目的步态著称。而卡格尼则是训练有素的踢踏舞者，迅捷，轻盈，这让他在饰演黑帮角色时如虎添翼，他可以在瞬间干脆利落地了结性命。

劳伦·白考尔（Lauren Bacall）的优雅则充满胆量和勇气。她在犹太移民母亲和外祖母两个女人的抚养下长大，身上结合了力量与魅惑，每一声沙哑的呼吸，都兼具率直与性感。一想起她，马上就会想起她款款而行的样子，那优雅的步态，那苗条的舞者身材，那种神秘的魅力，仿佛掌控了整个时空。在表演上，她相当勤奋努力，最终将每一个动作都变成艺术，如抽烟的样子、翘眉毛的样子、垂下巴的样子、在房间里飘忽旋转的样子。然而她蔑视虚假和装腔作势。她对抗着好莱坞的潮流，没有去修那种细细的眉毛，也没有矫正牙齿；她的双乳不算傲人，但也从未去隆胸；也不隐藏自己脸上的皱纹。白考尔对自己自然的形态相当坦然。她并不贪恋别人的注意力，但面对镜头她也不羞涩，就算在生命的最后几年，也是落落大方。（那是她对优雅最为深刻的表达。白考尔向我们示范了如何优雅地老去，保留尊严，保留笑纹，保留对生活的热爱。）

富有贵族气质的长相，诠释黑色幽默的天赋，马塞洛·马斯楚安尼（Marcello Mastroianni）堪称意大利的加里·格兰特。他的行走坐卧，甚至更加轻松自如。但这种更为放松的冷淡也有种超然物外的气质，仿佛他的脑海中在播放属于自己的音乐，将他的思想引向不知所终的远方。

"目光必须移动。"传奇时尚编辑戴安娜·弗里兰（Diana Vreeland）曾经如此声明自己的主张。她深知，要吸引读者的兴趣，一张照片，或者一页上铺排的影像，必须要有流动感。人们的眼睛都渴望移动。你的视觉被意想不到、充满韵律的影像铺排牵引着游荡得越多，你的发现也就越多。这个道理也同样适用于电影。那些将自己的整个身体当作画布，去铺排人物情感发展的演员，能让我们更多地去发现他们，获得更多的快乐愉悦。

看着克劳黛·考尔白（Claudette Colbert），这个想法在我脑海里变得特别强烈。这位出生在法国的女演员 20 世纪 30 年代和 40 年代可谓大红大紫。她坚持摄影师只能从左边拍她，因为她觉得自己的那一边长得更好看。她的所有电影场景都必须经过精心设计排练，要完全符合规则。看她的电影时（最著名的是《一夜风流》），我只觉得那种紧张的感觉快让人窒息了。太具有自我意识，太在意自己的外貌，实在是与优雅背道而驰。

当然，考尔白这种对于细节近乎僵化的完美主义也无可厚非，法国人本来就因此而著名。不过，法国演员中也有很多优雅自然的典范，如1960年法国里程碑式的电影《精疲力尽》(*Breathless*) 中的让-保罗·贝尔蒙多（Jean-Paul Belmondo）。电影讲述了一个逃避追捕的恶徒，逃到巴黎，焦虑紧张，孤立无援。这部电影开启了新的电影风格：法国新浪潮——那种自发的、意识流的形式和连贯的长镜头。除此之外，这部电影也是贝尔蒙多形态之美的一首颂歌，也许这只是意外的收获，因为导演让-吕克·戈达尔（Jean-Luc Godard）并没有完全开发贝尔蒙多优雅的身体天赋。每当戈达尔把镜头拉近做大特写时，这部电影就差了那么点意思。然而，当贝尔蒙多从台阶上闲庭信步地走下来并点燃粗粗的卷烟，当他大摇大摆走过大厅，当他穿着内裤与假想敌进行拳击，整个电影就充满了原始粗犷、随心所欲的优雅。

贝尔蒙多可能没有格兰特那么训练有素，也没有年轻的马龙·白兰度那样，如同一尊完美的雕塑。但他的表演仍然充满了艺术感，他运用自己的身体，将我们更深入地带进他的角色中。他真的仅仅是个自视为"雅贼"的可恶小偷吗？他的举手投足，一言一行传达出完全不同的信息。

我们爱上这个来历不明的卑劣之人，不是因为他说了什么，经历了什么（两者都并没有什么值得深究的意义），而是因为他的身体形态。他被一种梦想家的紧张不安的幻想所驱使，爆发出讨人喜欢的孩子气的能量，轻盈而无忧无虑。贝尔蒙多用动作充分表现了人物那种自我膨胀式的自信，告诉我们这个人物是有思想、有智慧的，也是遵守诺言的，尽管他常常言行不一。战后时代已经过去，新的年代伊始，充满了讽刺、紧张和怀疑，贝尔蒙多通过对角色的诠释，尖锐地表达了这一主题。他带着那个逝去年代外强中干的野心勃勃和趾高气扬，而普通的人们仍然相信，他能够把握世界的命脉，把地球像手中一粒溜溜球一样地把玩。

头向后仰，带着帝王般的姿态，贝尔蒙多洋溢着自信与生命力。服装的设计让他看上去身材魁梧，肩膀宽大。最妙的是他走路的姿势，脚步是流动的，整个身体是和谐的，这是自信的象征。这有点结合了詹姆斯·迪恩（James Dean）的不耐烦和蒙哥马利·克利夫特的张力，但贝尔蒙多加上了自己的特色。他的整个身体都充满了表现力，放松、外放、无拘无束的不羁形态。仿佛这曲生命之舞，他是唯一耀眼的明星。看他一拳拳打在镜子上，你的心也会激动不已，因为你与他感同身受：焕然一新，生机勃发，魅惑诱人。

直到开始研究格兰特，我才学会欣赏贝尔蒙多的表演，并开始用全新的眼光审视别的演员。哪些演员有点格兰特的遗风，带着点舞蹈演员的气质去理解角色，认为表演不仅仅出自情感，还依赖于身体的聪慧？哪些演员整个职业生涯中都像格兰特一样传达了身体的智慧与美学？乔治·克鲁尼（George Clooney）因为穿燕尾服帅气逼人，被誉为格兰特的后继者。他也有那种身体上的天资，只是表现的方向和渠道完全不同。他没有格兰特的丰厚储备，没有那种让你不断想去探查他真实企图的神秘感。克鲁尼是非常直接的。要说像，他可能更像克拉克·盖博（Clark Gable）——粗犷，急躁，很"爷们儿"，很大胆。

丹泽尔·华盛顿对于表演上的优雅则有着深刻的理解。在斯派克·李（Spike Lee）导演的电影《局内人》（*Inside Man*）中，他饰演一个人质谈判专家，他身体上的典雅气质让这个角色又增添了一个真实的维度。一切尽在他掌握之中，至少他是这样认为的。而观众，包括精神病患者在内，都很有可能会完全相信他。他体态动作传递的细节，对于个人风格细致入微的刻画，让你不得不密切注意。他的脚步轻快如蜻蜓点水，你都分不清他是轻舟快船航行在水上，还是腾云驾雾飘在云烟之间。

而在《迷失东京》（*Lost in Translation*）中，比尔·默瑞（Bill Murray）以大师级的演技，轻描淡写却又出神入化地塑造了自己的角色，以自己的方式，带给观众"格兰特式"的舒适和愉悦。从本质上说，这部电影讲的就是能量，高能量与低能量的相互转换：东京夜生活的喧嚣与繁华，和那种让默瑞和斯嘉丽·约翰逊（Scarlett Johansson）走到一起的让人难以安睡的感觉。但这对格格不入的人在一家酒店相遇，并非仅仅因为无眠。而是他们身体的马达，都以同样悠闲的频率在转动着。

默瑞塑造的这个人物，动作不紧不慢，永远有条不紊，典雅从容，身体总是一副倦怠的样子。这种人物很容易让观众产生信任感，觉得他们通常都自信、谦恭且睿智。约翰逊扮演的不被丈夫欣赏的少妇正在慢慢寻找自己在这个世界上的位置，而默瑞身上散发出这种"过来人"的舒缓气质，自然成为她寻求自我肯定的模范。他泄露了自己淳厚怡然的秘诀，但同时也认识到了优雅行走人生的核心："你越知道自己想要什么，烦扰你的事情就越少。"

著名的英国电视剧《唐顿庄园》（*Downton Abbey*）描写了一个虚构的贵族大家庭和所属这个家庭的一众仆从。这部电视剧生动展现了在后爱德华时期以及当时的社会等级制度中，体态的优雅是多么重要。在那个时代，女性都要穿着束身胸衣，这是对得体仪态的鼓励（甚至说是强迫）。故事发生在20世纪20年代，线性的情节比较松散缓慢，但其中的女演员永远保持着那种天鹅般的身姿，这样大摆裙和镶珠礼服的裙摆才能自然打褶下垂，尽显美丽华贵。那时候的礼节还要求，坐下时背不能靠在椅背上，没精打采的坐姿也是绝对禁止的，所以无论老少，在桌前永远都是正襟危坐，略略向前倾，各个看起来都精神抖擞，时刻警醒。所有的演员对于体态上的细节都非常重视而且认真感知，不仅仅是在餐厅里。克劳利家族的人们在静谧安详中悠闲地走向他们家约克郡的房产时，这种形体的优雅依然形影不离；那些拼命克制无限能量的仆人，那些端着肉冻和布丁匆忙走过，努力让自己隐身的仆人们，看上去也在用身体诠释优雅。

主人住的楼上，仆人群居的楼下，尊严无处不在。苏格兰女演员菲利斯·洛根（Phyllis Logan）用唤起人共鸣的朴素简练，演绎了管家休斯太太。她对角色的诠释非常具有灵性，充分展现了那种镇定自若的善良，而又在小处散发着一些引人注目的光辉。她的存在便能唤起你全身的感觉：安静地在大厅游走，仅仅是轻轻进入房间，就能让仆人们立刻注意到。每一集里，休斯太太都以镇定和怜悯淡化家庭危机，让观众感到她的精益求精和对卓越的追寻。

不过，在我眼里，今日银幕明星中，最能传达加里·格兰特那种令人痴迷的优雅的，是凯特·布兰切特（Cate Blanchet），她移动起来的时候，有种舞者般的能量。她有一种驾驭得恰到好处的低调的典雅，那种爆炸性杀伤性的冲劲被小心地包裹在平静的外表下，让她即使在静止时，也是个无法忽略的存在。随之而来的是强烈的泰然自若和警惕的张力，即使是在《指环王1：魔戒再现》（*The Lord of the Rings: The Fellowship of the Ring*）中饰演戏份很少的精灵女王的角色，这样的特质也形影不离。在那场午夜的戏中，她走下阶梯时，仿佛飘在云端。高高的胸骨，背微微拱起。在这紧张却又流畅的举手投足中,她向观众传达了一种神秘莫测的深度。

布兰切特接受过一个娱乐网站的采访,对方问她是如何去理解和诠释《丑闻笔记》(*Notes on a Scandal*)中自己的角色的。在那部电影里,她扮演了和 15 岁学生发生关系的教师。布兰切特透露说,这个角色很不讨好,所以扮演她的时候,她尽量去拓展身体上的维度。她说,在原著中,她的角色"有着舞者的身体",于是布兰切特将自己抽丝剥茧,赋予了这个角色一种仪态,仿佛时刻被强烈的感情吸引,甚至饱受折磨:"有些女人就是这个样子,胸骨向前,就有点像在说,'我要冲过去,撞向那些石头。'"

布兰切特不仅活跃于大银幕,也活跃于话剧舞台,就像格兰特、沃肯、莫雷诺和其他很多优雅的演员一样。她知道如何用身体与观众建立一种联结,如何像密友一样来求得我们的关注,怎样用全身心来传达人性的温暖。注视她的表演,就像奢侈的享受,让你意识到很多电影缺少的是富有灵魂的躯体。其颇有加里·格兰特的典范:展现人性的深度,不仅仅通过声音与情感来塑造角色,还有从头到脚通体的优雅。

第二章
在人群中如何保持优雅

优雅的情感十分深邃,其来源不可能纯粹植根于身体。

——亨利·霍姆(Henry Home)[1]

1981年5月,格兰特和他第五任妻子芭芭拉接到里根总统邀请,去白宫与来访的英国王储查尔斯共进晚餐。宾客名单上还有其他演员,其中包括大卫·尼文(Niven)和其子杰米。但大卫·尼文当时病得很重,表达了不能到场的遗憾。而杰米不太确定自己是不是应该独自赴宴。毕竟,他不是演员,害怕到了现场会显得格格不入。

"什么也别担心,"父亲告诉儿子,"去找加里·格兰特,告诉他你有点紧张,问他该怎么做。"

---

[1] 17到18世纪苏格兰法官、哲学家和农业推动者,苏格兰启蒙运动的核心人物。

"我照做了,"杰米·尼文后来回忆说,"加里眼睛都没眨一下,泰然自若地转身对服务生说,'给我们两大杯伏特加马提尼。'然后我们两人举杯一饮而尽。"

我觉得闲聊是最累人的事情,那些像尽义务似的社交场合,总让我避之唯恐不及。但如果加里·格兰特也在场,那我的想法大概会截然不同。他一定对我不加评判,而是表示理解,并且陪伴着我,和我一起喝点酒,洗洗脑子。在上述这个故事里,他不仅仅是优雅的象征,而且是狄俄尼索斯的信徒。他是希腊神话中的酒神,与"美惠三女神"关系密切,还是艺术的保护神。他身边的那群半人半兽都是温和友善的生物,他们喜欢跳舞,喜欢身体上的快感,手里经常拿着一杯酒。

大卫·尼文显然对格兰特很有信心,他清楚他会很乐意帮忙,而且有能力帮好这个忙,为儿子变出社交场合的"魔法"。显而易见,尼文在其他场合也见证过格兰特在这方面的能力。格兰特迅速判断了当下的形势,然后怀一颗善解人意的心,给出了完美的解决方案:首先献出自己的友谊,和对方共同喝杯鸡尾酒,让他紧绷的神经放松下来,人也会自如不少。而这一切他做得很自然,轻而易举,这样杰米心里也不会觉得欠他什么。格兰特当然是当天场上最耀眼的明星,而他张开双臂欢迎了这个小伙子,也将他从尴尬无措中解救了出来,让他身心愉快。(那杯酒是摇了摇就喝下去的,没有搅动,这毫无疑问。众所周知,伊恩·弗莱明创造的著名英雄人物007詹姆斯·邦德是以格兰特为原型的。从他穿燕尾服的样子，到他喜欢怎么喝马提尼[1]。）

小说《了不起的盖茨比》(*The Great Gatsby*) 中，菲茨杰拉德（F. Scott Fitzgerald）描写了观察力很敏锐的叙述者尼克·卡拉维。而这个小伙子和杰伊·盖茨比所见的第一面，很像杰米见格兰特。在长岛富人云集的社交圈，尼克格格不入。盖茨比举行盛大派对，他去派对做客。他还没见过那个存在于大家口口相传中的大富翁，迫不及待想一睹真容，结果犯了个错误。他和一个偶遇的男人聊天，聊到当晚的事情时颇有微词，这当然是无心之失，但尴尬的是，这男人就是百闻不如一见的盖茨比。等尼克意识到自己的冒失时，你可以想象当时的他是多么羞愧，脸一定涨得通红，意识慌乱得成了一堆烂泥。而从人之常情来讲，盖茨比免不了要冷淡以对。然而他做得与此截然相反。在菲茨杰拉德的笔下，盖茨比的反应简直就是优雅的化身，也是这位经久不衰的美国小说主角真正伟大的原因：

> 他很是善解人意地一笑——远远不止善意。这笑容真是不多见啊，其中的善意，你这一辈子都难以再见，让人忐忑的情

---

[1] 很多007影视作品里都有这个场景，这是邦德一直的习惯，每当他要喝鸡尾酒，就会对调酒师说："伏特加马提尼，摇匀不搅拌。"

绪能够立刻得到平静。这善意似乎在一瞬间环视了全世界,然后就全副身心地凝聚在你身上,对你表现出不可抗拒的偏爱。好像他对你很了解,正好达到你希望被了解的程度;他相信你,如同你相信自己;并且让你放心,他对你的印象,正是你希望留给别人最好的印象。

格兰特当时和盖茨比一样,也有可能做出不一样的反应。他有可能装作善解人意的样子,原谅尼文儿子礼貌的打扰,然后寒暄着走开,不理会这个紧张的无名小卒,去跟更有名的客人觥筹交错。

这种感觉你永远也忘不了,被人从尴尬、不适和格格不入中解救出来,仿佛天地都变宽广了。就像当你以为自己已经完全身陷囹圄,有人却向你扔了根救命的绳子,向你伸出友善的手,或者即使知道你身陷囹圄,也能仗义地做你的挡箭牌。

在半自传小说《钟形罩》(*The Bell Jar*)里,作者西尔维娅·普拉斯(Sylvia Plath)写到一个故事,有关别人的沉默如何让她免于屈辱。这是非常慷慨的行为,任何经历过少年时代的人都应该明白。

"我第一次见到洗手钵,是在我的奖学金赞助人家里。"普拉斯回忆起自己到大学奖学金赞助人吉尼亚夫人家去吃豪华晚餐的往事:

> 桌上摆着一小碗水,水面上漂浮着几朵樱花,我以为那肯

定是一种日式的餐后清汤,就把它全喝下肚去,包括那些鲜嫩的小花朵。吉尼亚夫人什么也没说。过了很久以后,当我跟学院里一个刚刚打入社交圈的女孩聊起这次午餐,我才发觉自己闹了什么笑话。

优雅,是出人意料的一缕微光,那么微妙,可能再也不会有第二个人注意到;那么微小,也许要到后来某一天才会恍然大悟其伟大之处。但优雅的影响真实而深厚。普拉斯并未描写"洗手钵事件"给她带来什么样的感觉,但她字里行间那种不动声色的幽默让我们能猜测到那未言及的情感细节。于是我们内心也起了波澜,几乎要大笑出声。普拉斯这个故事可以拍成个小短片了,找露西尔·鲍尔(Lucille Ball)来演。

这个故事和很多你经历之后回想起来的尴尬时刻一样,让你赧然,也让你捧腹。很容易与那个脆弱的女孩产生共鸣和同情,她人生的境遇真是糟糕到极点,不适应环境,在异乡面对一个陌生人,毫无准备,毫无经验,在模模糊糊的自我意识中,企图用薄薄的假面具混过一场必要的社交。

吉尼亚夫人就这样看着来客把花朵塞进嘴里,没有表达自己的惊讶,这就是优雅的充分体现。我们完全明白普拉斯后来为什么还会意犹未尽地回忆起这件事情。这位女主人充满尊重、善良,面对突发事件也会灵活应对,默默地让这尴尬的一幕过去,继续接下来的事情。她选择忽略普拉斯的无知,不让当前的小事影响大局。她的沉默,正像菲茨杰拉德所写,让她的客人放心,她对普拉斯的印象,正是普拉斯希望留给别人的最好的印象。如果我们都能找到自己的吉尼亚夫人,那将何其有幸,那仁慈亲切的长辈会忽略我们小小的缺点,成熟的心灵完全明白,小小的失礼就算了吧,别当面让别人丢脸。

既然说到这儿,埃莉诺·罗斯福(Eleanor Roosevelt)也有个类似的故事。这位第一夫人办过一次茶会,其中一位客人端起自己的洗手钵,喝了下去。为了顾全他的感受,埃莉诺做了和吉尼亚夫人一样的事情。其他客人也都按照女主人的样子,什么也没说(不知道杰奎琳·肯尼迪会不会这么做)。

和蔼而高尚的主人是不可多得的,就像上天的恩赐。她明白款待与好客之间的区别。款待,是摆漂亮的花,用精美的瓷器;而好客,是要让你的客人高兴。如果你只是忙着做甜品而不去照顾邀请来的朋友,有谁在乎你的舒芙蕾费了多少心思?你该费心思的,是你的朋友才对。孩提时代,我有个来自挪威的朋友,是外交官的女儿。我永远也忘不了她的母亲。她身材高挑苗条,走路时脚步轻盈如飘在云端,说起话声音柔软,如音乐般美妙。只要你一踏进她的房门,就能感受到她无处不在的关怀。

她会端上放学后的小零食,是精心烘烤的奶酪和冰淇淋,仿佛这是女王的下午茶。她温柔地询问你的需求,化了银色妆的眼角露出好看的笑纹。她拥有一种特别的气质，只是简单地在你面前摆一个三明治，也能让你觉得整个世界的现实都柔软起来了。但她流露的那种善良与和蔼又能让你确信，如果美味的奶酪还不足以让你放下心中的负担，那她一定会认真听你倾诉，并且用高尚的智慧做出回答。

希望我也是个同样可亲的客人。我想我应该是吧，不知不觉地受到主人的感染，因为我是那样的感谢她给予的关注。这也是客人的责任，感谢主人所做的努力，不去给她添更多的麻烦。就这么简单。我觉得这是世界上最简单的事情了，但有些人却能把它搞得一团糟。说起名人社交圈的黑暗面，做个糟糕的客人简直成了一种必要的"社交礼仪"。2014年，剑桥公爵和夫人[1]访问意大利时，悉尼歌剧院为他们举办了一场欢迎会。受邀赴宴的两百位客人中，有个特别喜欢一惊一乍的电台节目主持人和他的搭档。后来在电台节目上，他们因公爵夫妇没有到他们这桌来而大谈特谈，牢骚不断。这两个电台主持正是丧失了优雅风度的人，完全不觉得那是可以理解的无心之失。

谁够格成为别人隆重邀请的座上宾呢？换个稍微不同的角度来问，如果你完全向别人敞开心扉，甚至超越了自己所认为的可能，

---

1 即英国的威廉王子和王妃凯特。

会发生什么呢?

"常宽容于物,不削于人,可谓至极。"[1]这是两千多年前中国哲学家庄子写的。优雅的人宽容、平和,对人和事乐于接受和包容,就像加里·格兰特欢迎一个紧张的新手成为他的同伴。

我快满六岁的时候,妈妈告诉我,如果把一年级班上所有孩子都请来,生日派对上就可以实现我的愿望:有小马驹。

我当然没问题啦!

她继续强调,必须是每个人,包括丹尼斯。

丹尼斯的皮肤和头发都很白,看上去像个透明的人,我很难注意到他的存在。我特别确信他身上长了那种最可怕的虱子。虽然我对他了解不多,但这一点是板上钉钉的。丹尼斯经常流鼻血,总是一副战战兢兢的样子,还不时抽搐两下。我和班上所有的小朋友一样,尽量离他远远的。

妈妈下了这个最后通牒以后,我有些难过,但我真的很想要那些小马驹来为派对增添乐趣啊,所以会请丹尼斯的。

当时是1969年,就在前一年——1968年,马丁·路德·金(Martin Luther King)被刺杀,华盛顿特区各种暴乱冲突频仍。我们这个位于城市边缘、本来安静舒适的小社区也难逃风波。国民警

---

[1] 出自《庄子·天下》,意思是:对事物常有宽恕容忍的态度,不与别人计较,可谓做到极致了。

卫队的人就在街对面的公园里驻扎，一天我哥哥带回家一个用过的催泪瓦斯筒，里面剩余的气体搞得我们飞奔到水槽，拼命冲洗灼痛的眼睛。我还记得有时候坐在我们家的大众轿车里，会突然滚到车座底下，或者从后座跳下来，以求掩护。那段时间人心惶惶，我所在的街道、社区和整个世界全都乱套了。

但我父母的表现很出色。父亲以前在奥斯汀一位墨西哥裔美国参议院议员手下工作过，这位议员入选国会后，他把我们一家从得克萨斯迁到了风口浪尖的华盛顿特区。在父亲母亲的行事作风里，包容已经成为一种习惯。而当时这种品质正渐渐影响着整个骚乱后的国家，至少感觉是这样。领头羊之一是民歌大师皮特·西格（Pete Seeger），他最为信奉的，就是天下大同必将自行实现，只要你勇敢去追求。他总会在自己的歌里加一段合唱，而他的演唱会总会演变为勇敢而令人愉快的万众歌咏会。

当然，包容这种品质，最勇敢、最全心全意、最优雅的践行者是马丁·路德·金本人。这位人权运动的领袖指出了人类社会最核心的——现在我们看来是显而易见的，甚至会惊讶为何过了那么久才有人指出——是分裂，而不是包容，让我们陷入冲突。我的同胞们深知这一点，看到那些奔走呼号的英雄倒下，看到他们的城市被吞没在熊熊烈火中，他们的信念反而更为坚定，任何混乱都无法动摇。

说回我生日派对的那个星期六，一辆拖车停在门口的小巷子，三匹正蜷缩着身子昏睡的美妙小马来到我家大门口，装好了马鞍。兴奋的孩子们自动排起了队,轮流在后院跟小马玩。我还记得那天拼命在马背上上蹿下跳,还记得大家都让我第一个去。还记得骑在马背上看到的场景,看得真远啊,能看到那个我经常去玩泥巴的泥塘,我的游戏室,所有的孩子,当然还有丹尼斯,他苍白的脸在午后的阳光下显得更加苍白了。他在拍手,蹦蹦跳跳,和所有人一样兴致勃勃。

我还记得自己的目光越过家里那棵粗壮的杏树,杏花盛开,美极了。这一树繁花之下,我妈妈正和丹尼斯的妈妈愉快地聊天。他妈妈年纪要大一些,更像个和蔼可亲的奶奶,她的头发是银白色的,烫成了小圈圈的卷发,几乎要和杏花融为一体了。我看着她们,那种电流般的感觉现在还记忆犹新。我的妈妈在接待客人呢——用她平静而敏感的注意力和关怀——对待丹尼斯的妈妈,就像她对待所有人一样。她是在照顾丹尼斯的妈妈,确保有人跟她聊天,通过这种方式默默地告诉她,她那在学校常常被孤立的儿子,在我们家是受欢迎的座上客。就像几年后,有个刚从中国来的男孩,几乎不会说英语,我放学后带他回家玩,我的家人也热情地接待了他。就像那对俄罗斯移民夫妇刚到美国来的儿子,也很乐意到我家做客。我还不情不愿但很听话地跟他下了盘国际象棋,他是个中高手,我输得惨不忍睹。母亲坐在我旁边,悄悄对我耳语该走哪一步,使得我面对他来势汹汹的路数,不会太过于难堪。

后来,我上了高中,和一个虽然胡子拉碴、邋里邋遢,却很讨人喜欢的同学做了朋友。他读了好几次十年级，一直毕不了业，都快二十岁了。他没有家人一起共度感恩节，我隐约得知他住在自己的车里。他也到我家做客了。那天的晚餐是我掌的勺——我那住在别的城市的祖母生命垂危，母亲去照顾她了；我哥哥上大学了——我和父亲沉默地看着这位新朋友狼吞虎咽，我从没见过哪个人一顿吃这么多的。我真是发自内心地骄傲！

小时候很多事情想不明白，但后来再回想起那个明媚的午后，我在家后院骑在小马背上目睹的场景，既获益匪浅，又感觉到彻底的释然，仿佛心扉一下子完全敞开了：人人都应该在我的生日派对上玩得尽兴，而我可不是最重要的那一个。

曾经，丹尼斯在我眼里就像外星人，像一只氢气球，一捏就爆了，不属于这个世界，和我们根本没什么联系。但那天下午，我了解到他的三个方面，仿佛一下子把气球的线紧紧攥在手里：他和我一样喜欢小马，也有妈妈，最重要的是，他的感觉，以及他妈妈的感觉，对我来说和别人的一样重要。这是母亲用她的优雅为我树立的榜样，教给我的道理。

那个派对很棒，那个生日过得很有意义，我感觉自己的心智真的成长了。

第三章

幽默是最机智的优雅

嗯,幽默是伟大的,简直可以挽狂澜于既倒。一旦幽默出现,我们所有的冰冷坚硬都会屈服;所有的烦躁抵触都会溜走;取而代之的是阳光灿烂的精气神。

——马克·吐温(Mark Twain)
《保罗·布尔热关心我们什么》(What Paul Bourget Thinks of Us)

加里·格兰特是顶级的演员。行走坐卧带给人美的享受,举手投足全是谦谦君子的风度。但这一切都在其次,最重要的是,他是个优秀的喜剧演员。他的喜剧之所以能有那种优雅和轻巧,原因在于,他并不怎么把自己"当盘菜"。

在全世界眼里,他是个英俊帅气、游戏人间的翩翩佳公子,但格兰特并没让他的自我和这个外在形象纠缠在一起。他知道自己是什么,不是什么。"人人都想成为加里·格兰特,"有一次,他略带自嘲地说,"就连我都想成为加里·格兰特。"

他特别擅长诠释的角色都带着一点自嘲的意味:顽固笨拙的学者,容易上当的业主,自鸣得意、其实脑袋空空的生意人。格兰特在《育婴奇谭》和《妙药春情》中那种古怪的争吵,真可谓把这类戏码演到了极致。他一点也不抗拒去演扑倒在椅子上又摔个大跟头的笨蛋。在《春闺风月》中,一条狗也可以欺负他。

这种自贬自嘲的幽默,成为格兰特的个人品牌,也是实现优雅的一种工具,因其传达了自信与人性。自贬自嘲的同时,还传达了两条信息:他非常谦和,开得起玩笑;他的人生尽在自己的掌控中(此时,格兰特身体上的泰然自若就至关重要;虽然跌倒,但也能保持平衡)。这样一来,人人都能感到轻松愉快,没有负担。

把这种幽默的风格和别的男演员比较一下,比如金·凯瑞(Jim Carrey)或已故的罗宾·威廉姆斯(Robin Williams)。这两个人都很好笑,但我无法将"优雅"这个形容词与他们对应起来。看他们表演,你可能会觉得很累。他们的喜剧都是那种爆发性的,让人肾上腺素激增。虽然被逗得哈哈大笑,但可能会觉得有点焦躁和疲乏。

杰基·格黎森则正好相反。他的喜剧风格更为流畅轻松。这个高大肥胖的男人,却和沙滩皮球一样轻快活跃,让人目不转睛地看着他像跳舞的女孩那般轻盈。他善于掌控自己的身体在空间里的动态,也将其运用到了极致。电影《蜜月伴侣》(The Honeymooners)中，他在自己家厨房里跳舞。虽然角色是个工薪阶层的乖戾之人，我们却总是对他有种喜爱的同情，因为格黎森并没有把这个人演成一个彻头彻尾的傻子。那些滑稽古怪的动作里，总有优雅的影子；就连说话紧张和不自然时，身体语言也是充满自信、轻巧自如的。格黎森毫不做作，脾性温和。他与自己相处得十分和谐，所以他才可以毫不在意地自嘲。

自嘲是一种很精妙的技能，非常难把握。但一旦做得得体，就会显得十分优雅。像格黎森这种经验丰富的喜剧演员，以肢体语言对自嘲做出完美的诠释，这是其中一种；而另一种则属于政界那些光鲜体面的人们，若能得体地自嘲，那便是很了不起的成就。当权者们早已习惯了一举一动都经过事先的铺排和演练，一言一行也是按照剧本来严格进行的。正因如此，全美广播公司（NBC）的《吉米·法伦深夜秀》(Late Night with Jimmy Fallon)上，米歇尔·奥巴马（Michelle Obama）的出场才显得那么引人瞩目。

2013年2月，这位第一夫人和曾经做过喜剧演员的脱口秀主持人组队表演了一场滑稽短剧，名为"辣妈广场舞"(The Evolution of Mom Dancing)。法伦身穿粉红开襟羊毛衫、丝光黄斜纹九分裤，头戴蒂娜·菲（Tina Fey）式的假发，带有调侃性地模仿刻板、土气的美国主妇的形象。接着，奥巴马夫人旋转着出现，加入了他的舞蹈，她穿着自己的开襟羊毛衫和紧身裤，自然是非常整洁利落。

再多跳几个节拍，多扭几下屁股，这位"第一妈妈"的舞蹈渐渐变成轻松自在的自嘲，真是个天才。

流畅是关键。这对搭档（在一些滑稽字幕的帮助下）从容地搞着笑，向我们展示了一些"不协调的滑步舞"；手臂往一边猛击，这是在"洒水"；还有，"你爹呢？（快把他找回来！）"唯一的遗憾就是这个时候总统并未出现。奥巴马夫人在这方面的能力很出名，她的存在能让你如沐春风。无论什么场合，她总是最镇静沉着的那一个。她那种完全放松的轻巧也有助于法伦充分发挥自己的喜剧天赋。不过，当她正经地跳起道基舞，使出各种各样绝妙的街舞招数时，她的搭档只能站在原地，一边目瞪口呆一边崇拜不已。

坊间一直称道第一夫人的穿衣品位，这其实有点一叶障目。她最大的影响远远超越于时尚。她让中年母亲这个群体闪闪发光。她也像所有普通的母亲一样，操心孩子们的吃穿，努力了解他们的兴趣，不让自己在孩子面前露怯。她全心投入母亲这个角色里，却又用"第一夫人"这个角色，为其加上了一些魔法。看着总统夫人也忙于这些琐碎的事情，而且还在自嘲，为这些琐碎加入了浓浓的幽默感，人们对自己平淡如水却又忙碌糟心的生活，大概也会略感轻松。

既然说到政治，很少有国际领袖能把幽默与优雅发挥得像玛格丽特·撒切尔那样，游刃有余又效果昭彰。这位连任三届的英国前首相，拥有时刻自嘲与轻松自在的魅力，甚至还有一点点专属于女性的诱惑力，她把这些都作为强有力的政治工具。2013年2月，撒切尔去世以后，小说家伊恩·麦克尤恩（Ian McEwan）写道："全国上下对她的关注里总有一种性欲的因素。"（她真的如传言所说曾经当着所有记者同行的面打了克里斯托弗·希金斯的屁股吗？而她在任期间应运而生的"货币主义狂"[1]中的"狂"字，是否有财政政策之外的含义呢？）没有盖棺定论，她是个众说纷纭的争议人物。从这些纷争来看，她的国家人民完全没能将她忘怀。

由于她的一些保守立场，有些人给她起绰号"阿提拉母鸡"[2]：她偏向富裕阶层，对煤炭工人或是国有垄断部门却全无笑脸。她向全国灌输20世纪80年代盛行的"贪婪即美德"的精神，而且丝毫不在意人民是否爱戴她、喜欢她。不过，毫无疑问的是撒切尔说话做事一直都充满了激情，时时刻刻都全心全意地投入，但又非常镇静，所以即使铁腕，也显得平和。尽管人称"铁娘子"，那样雷厉风行，她全身上下仍然有种令人愉悦、宁静祥和的特质，就是那种轻松优雅的感觉，让她得到了人们的喜爱和容忍。这放到别人身上，几乎是不可能的事。

她在任期间，我对她的很多政策都颇有微词。但现在回想起来，

---

[1] 英文是"sado-monetarism"，指比较强硬的财政政策。
[2] 取自匈奴王阿提拉（Attila the Hun），"Hun"改成"Hen"。

我觉得她的行事作风实在令人着迷。实话实说，她完全不是"母鸡"[1]。她无所畏惧，镇定沉稳（真要用鸟类来形容，她就是雄鹰）。她下定决心要把英国做大做强，充满活力地把这个国家牢牢掌控在自己手中。她的自信无人能及，无论在哪里出现都是威风凛凛的统帅架势。不过，她又用女性的优雅给这一切增添了风韵：她很在意自己的个人形象，无论裙装裤装，都是简约得体，剪裁得当，称得上无可挑剔。

"她虽然衣服不多，但全都非常上镜，甚至没有瑕疵。"撒切尔的形象顾问玛格丽特·金（Margaret King）向《电讯报》（*Telegraph*）表示，"她有一双美腿。站姿优美，也相当善于展现个人魅力。"

撒切尔的发型是比较柔和、蓬松的卷发。她会上呼吸课，让自己声音里的尖厉荡然无存。她甚至把自己名字的昵称"麦琪"作为常用的名字，给大家一种十分轻松的感觉。她笑起来脸上的酒窝更显女性的迷人和甜美。正因为有了这些温暖和小小的智慧，她那些本不太可能被接受的策略与计谋，才得到了接受和承认，甚至都遮盖了强硬的本质。

她对自己政治形象的经营真是"大师级"的。她真诚吗？至少在你眼里是很真诚的，这就是她的优雅之处。没有一点紧张和不自

---

[1] 在西方，鸡可以象征懦弱，常用来羞辱胆小的人。

然（同为保守派女政客的萨拉·佩林[1]和米歇尔·巴赫曼[2]就一点也不精通自然与轻巧之道）。

撒切尔头脑清醒，很明白自己在大众面前的形象。"我的会议上，那些激烈质问者站起来时，我心里高兴地跳了起来，"她曾经说过，"这样我就有机会'露出尖牙，撕咬一番'，而观众们非常喜欢。"

在下议院进行首相质询时，每当反对党站起来挑衅，她都能妙语连珠地回答和讥讽，还能不动声色就让反对的声浪平静下去。她的语气平静柔和，说"让我先把话说完"时，坚定但又充满耐心。她的态度又威严又谦恭，让人觉得她是在直接和你对话。能做到这一点，当然要归功于她流畅连贯的动作。你看她转一转头，动一动身子，把全部的听众都牵动起来。不管是发自内心还是政治作秀，反正她做到了。

她最为优雅的时候，是利用幽默让别人卸下心理包袱，让气氛轻松起来，同时又让大家明白，她是绝对的掌舵人，对于这位全世界最杰出的女性领袖来说，最后一点是极其重要的。

1990年，撒切尔面对下议院，宣布自己辞职。一名议员问这位女首相，卸任之后，是否还会继续反对单一货币和独立的中央银行。撒切尔站起来准备回答时，一位工党议员不无揶揄地暗示，说

---

[1] Sarah Palin，美国记者，曾任阿拉斯加州州长（2006—2009）。
[2] Michele Bachmann，美国共和党众议员，曾经名噪一时的"茶党"代表人物，被称为"茶党女王"。

她会去运营她长期反对的这个银行。"不,"他抢先回答,"她会去做行长。"

大家自然是哄堂大笑,撒切尔也笑了起来。这些大笑(还有嘲弄)都是冲着她来的。不过她充分表现出自己也认为议员的揶揄非常好笑。等这场喧哗慢慢平静下来,她略略等了一会儿,双目扫视整个会议大厅,接着大声说:"真是个好主意!"

所有人又大笑起来,比之前笑得更响亮。她不仅在决定了这场针锋相对的玩笑中自己做了最后的赢家,而且也赢得了最后的笑声,别忘了,这是她的辞职日,是她承认自己失败的日子。

下台以后,撒切尔仍然长期保持着良好的幽默感。2001年,她在英格兰普利茅斯进行演讲,也是她生命中最后的演讲之一,对象是一群保守党成员。"有人提前告诉我,我来演讲并不是提前安排的,"她对人群说,"但来这里的路上,经过了一个影院,发现你们还是在期待我的到来。因为电影广告牌上写着'木乃伊归来'。"

约翰尼·卡森(Johnny Carson)[1]将自嘲升华为一门艺术。一次在《今夜秀》上,他的独角戏似乎趋于平淡,于是他即兴来了一句:"有手枪吗,让我去死吧。"他的害羞是出了名的,总是让来宾说得比较多。他也完全敞开自己,向他们学习。现在看来这样的品质真

---

1 美国著名节目主持人。

是惊人,因为人人都那么自满,那么不愿意承认自己有知识缺陷。但卡森,美国最著名的主持人之一,是多么谦虚,能够在自己的节目上充满兴趣地去了解和学习来宾讲述的新东西,还大大方方地说:"哦,这我可不知道。"

他平静而真实的轻松自在也是他雄霸电视屏幕多年的原因。和加里·格兰特一样,他也有把魅力和掌控精巧沉稳地结合在一起的能力。这种结合引人入胜,让人心醉神迷。最充分的表现就是他在《今夜秀》做个人独白的时候,那种姿态,多么轻盈,多么自在;但他的整个身体又保持着一种风度,时时刻刻和当下的氛围融为一体。

但他也没有向我们展露太多,就算他每天晚上都让大家发自内心地大笑,就算他注视着每一个观众,仿佛那个人就是地球上最令人感兴趣的生物。这个内心深处非常注重个人隐私的男人始终用一种颇具个人风格的礼节和拘谨划清和周遭世界的界限,他有些傲气地昂着头,与你保持距离。他身上有闪闪发光的自信和特别值得信赖的魔力。你甚至可以把自己的身家托付于他,他去开飞机你也觉得一定安全。然而,卡森并未因此凌驾于公众之上,他利用自己这种出自天性的内敛,让大家的目光从他身上移开,集中在节目的来宾上。他这种平易近人,善于和人打交道,也许在私生活里是缺失的。

我的外曾祖母曾经和卡森见过一面,那一刻也许周遭的优雅气息全被他俩给吸走了,因为两位"优雅大师"正面相遇了。

1987年8月,米尔德里德·霍尔特(Mildred Holt)上了《今夜秀》。这个腰身有些弯曲,看上去特别脆弱的老人既非名人,也不是什么新闻人物。她只是个来自堪萨斯一个小城市的小老太太。"老"这个词形容她还不太够,当时她已经一百零五岁高龄了。但她身上的闪光点那么多,还有"直捣黄龙"的尖锐智慧,这些就够她和卡森针锋相对一番了。

现场,老祖宗(我们家都这么叫她)拿着个咖啡杯喝鸡尾酒,然后不停地揶揄面前这位电视之王,拿他的多次婚姻开涮,把卡森迷得七荤八素,进了广告之后还不放她走。"哦,您真是太有趣了。"他说着捏捏老祖宗长满皱纹的小手。卡森说她是"我见过的最长寿的人,也是年纪最大的节目嘉宾"。她清脆地露齿一笑:"我这么刻薄的人,天也不愿意收!"

老祖宗的各种机智回应都把卡森逗得捧腹大笑,他好几次差点把椅子给笑翻了。不过,大多数时候,这位"深夜秀之王"都单手托腮,微笑着感受老祖宗的乐观与魅力。

不知是堪萨斯埃尔斯沃思市的谁和卡森的工作人员取得联系,讲述了老祖宗的非凡故事。那里的人们早就觉得她应该去跟卡森面对面了。谁会提出异议呢?她是一股难以征服的强大力量。老祖宗的父亲是内战的老兵,她本人是十个孩子中的长女。她与一名富有的银行家结合,生了三个孩子;我妈妈的父亲就是长子。大萧条时期,老祖宗的丈夫生意失败,她开始在宽敞的家里接待住宿人。还把餐厅改成一间茶室,给当地学校教师提供午餐服务。老祖宗热爱烹饪。

她的炸鸡最受欢迎。第一道工序竟然是到后院劈柴。据说，她手起斧落，从不失手。不过，等我懂事以后，她再也没劈过柴。每天，她都在自己小小的厨房忙碌着。不管时代进步、岁月变迁，这个厨房没有经历过任何翻修，没有放过洗碗机。她总是把自己那些瓷餐具放在滚水里灼烫。如果做饭的时候有客来访，她就把菜板拿到客厅，放在膝头继续切菜。

老祖宗是我见过的所有人中社交生活最丰富的。她每天都给全城的朋友打电话，还经常主持茶会和棋牌会。她一直和自己守寡的女儿一起住，直到生命尽头。到了后面几年她过于老态龙钟，棋牌会的阵地也转移到其他朋友家里——事实证明，那些朋友没有一个人比她硬朗——而她也会跑去参加。她有一些口头禅，其中一句就是她"永远不会一个人吃饭"。这样的事，她也的确从来没做过。

这不是什么让人吃惊的事，因为她是这个世界上最和蔼可亲、令人愉快的人。我大概九岁还是十岁的时候，她已经九十多岁了。那时我到她家去玩，提出想看看她的婚纱，还问她我可不可以穿穿看，穿上以后又问可不可以到楼下去展示一番。回答全都是可以。最后我们祖孙俩来到她前院的草坪上，两人都快乐地"咯咯"笑。我的双臂都被套在那件女式衬衫的袖子里，而因为年老而变得矮小的老祖宗则穿着配套的裙子，用手提着裙摆。我妈妈帮我们拍照片，开车路过的人们都对我们行注目礼。这象牙色棉布的"传家宝"是1905年的，也许我们看上去很古怪、很过时，但老祖宗一点也不愿意让这些东西就此沉睡在壁橱里。与无用的敬畏比起来，她更注重当下的快乐。

她的人生态度总是很积极，很善于让美好的时光持续下去。她向卡森讲起1914年得到人生中第一辆车，而一百零三岁时不得不停止开车，那时她觉得多么遗憾。她还公开指责美国西海岸盛行的势利之风。"我在酒店遇到一个男人，"她对卡森说，"他问我，'你从哪儿来？'我说堪萨斯，他来了句，'哦，老天爷啊。'我气炸了肺子。"

老祖宗总是维护着中部地区的荣誉，但她说下面这番话前，先顿了顿，对观众露出一个甜甜的笑容，但笑容里又饱含着对那个四体不勤的男人的可怜："他忘了，堪萨斯是美联邦小麦产量最大的州，"她说，"你吃的面包就是从那里来的。"

她在节目上的表现太出色了，放松得就像在自家客厅里一样。和主持人一样，老祖宗也对自己信心满满。看她的形体仪态，一颦一笑，就知道她多么享受自己的存在。坐在椅子上的她一点也不僵硬，不拘谨。她的手指弯曲，但照样能行云流水般地挥手，一边说还一边旋转着身子（再次提醒，她已经一百零五岁高龄了哦），让坐在她身边的卡森的主持助理艾德·麦克马洪（Ed McMahon）也参与到谈话中来。

很少有嘉宾像她这么关注麦克马洪的，于是卡森善意地揶揄这个老头子："她明显觉得你俩是一起的。"这句玩笑其实很对。只要在那个演播室的人，都和老祖宗是一起的。

老祖宗这种亲切和蔼，来源于她的无畏。孩提时代的我很怕黑，总想象那些阴暗的角落里藏着不可告人的危险。我问她，有没有害怕过壁橱里会突然跳出可怕的强盗。她爽朗而又冷静的回答一直深藏我心："嗯，要是他们真把我吓到了，那就吓到了呗！"

她在镜头前的无拘无束引起了广泛关注。那期节目播出之后，《好莱坞广场》(Hollywood Squares)打电话问她愿不愿意去上他们的游戏竞赛节目。但老祖宗拒绝了，她已经体验过洛杉矶，还是比较喜欢埃尔斯沃思。

我很确信，她之所以这么长寿，精神头是个很重要的因素。她完全不是个注重养生的人。喝咖啡总要加很厚的奶油，常常端着各种甜品大快朵颐，睡前还要喝一杯热腾腾的棕榈酒。十岁的时候她的母亲就去世了。她经历了大萧条、"黑色风暴"[1]和几十年的孀居岁月。但老祖宗从未陷入悲伤的泥潭。她从不让不良情绪停留太久，她让那些糟心的事情烟消云散，专注地活在当下，用她自己的话说，总能找到一些好玩的事情"打发时间"。

离她一百零九岁华诞不到一个月的时候，她得了肺炎，去世了。那时距离她上《今夜秀》已经三年。全国的报纸都刊登了她的讣告。她喝鸡尾酒的照片也在显著位置刊登。在社交场合喝杯酒，也是她

---

[1] 指1930—1936年期间发生在北美的一系列沙尘暴侵袭事件，让美国和加拿大的生态和农业受到了巨大影响。

眼里的好时光,是她活在当下的方式之一,倾听别人,做出回应,吸引旁人,逗他们捧腹。

她和约翰尼·卡森真是黄金搭档。所有报纸都写了,作为卡森最年长的节目嘉宾,老祖宗在"抖包袱"、讲笑话这件事上,和他可是不相上下。

第四章

优雅社交的艺术

风度是处事的巧妙方法……是文明的开端,使我们相互容忍。

——拉尔夫·瓦尔多·爱默生《生活的准则》

文明甫一诞生,人类就开始去改变和适应它,尽管并非尽善尽美。共同相处,是需要费一番功夫的。这么多年以后,还是有数不清的例子表明,我们仍然没能深谙文明之道。从地铁上冲到老太太前面去抢座位的学生,到这个社会对待穷人和失业者的态度。"人不为己,天诛地灭"仍然是不变的信条和现实。然而,如果稍稍做些改变,也许人与人之间的共存和相处就会变得容易一些。所以,很多年前,就有人开始努力,致力于教大家如何与人相处。

这就是优雅的概念:精心而自在的体态和风度,能够帮助别人,让别人愉悦，脸上有光。这也是大家努力的方向。的确，"相处"这个词本身就包含了一种和谐和优雅。你需要像个舞者，和别人一起踏着拍子共舞，配合默契；或者像马儿奔跑一样，四蹄抬举得当，才能前进。优雅和风度是社交行为的两个基本原则，自古以来就被相提并论，互为衬托。优雅的发展史上并未特别提到"优雅"这个字眼，为了追溯，我特地寻找了有关与人相处的内容。也就是人的风度，如何与别人进行和谐的交流，创造一种温暖和感恩的氛围，而不是觥筹交错间冷冰冰地自我介绍和无聊的话题，这些更为常见却没有意义的礼仪不在我的讨论范围内。

关于与人相处的艺术，或者说"社交优雅"，有一些在全世界都极具影响力的书是很好的指南。其中包括古老的典籍、文艺复兴时期那些已经卷帙失落的畅销书，以及美国殖民时期、革命时期和 20 世纪早期奋斗者们写就的必读书目，都在关注着优雅与文明生活。

然而，几十年前，对优雅的重视神秘地从我们之中消失了。

好吧，"神秘"这个词用得不太恰当。风度在历史上的发展一直是摇摇摆摆的，一个时代的人们规定了一些规则，然后越来越严格；接着新一代站出来，说，哎呀，别麻烦了，太荒唐了。优雅就这样被人所鄙夷，认为那是一种做作，一种虚伪，一种假模假式。

"现在我们也是这样，父母的本意很好，对孩子们说，'做你自己就好了。'"此话出自朱迪斯·马丁（Judith Martin）[1]之口，当时我问她为什么优雅风范逐渐从社交场合退出。马丁有个享誉海内外的专栏，《礼仪小姐》(*Miss Manners*)，她还写了很多关于社交礼仪的书。"'做自己'是什么意思呢？如果他们不是自己，还会是谁呢？父母不再教孩子接到礼物时怎么表现得开心，也不会教在见到不愿见的人时怎么摆出笑脸了。"

"礼仪一直遭到很多人的质疑，说其并不是优雅的体现，也并不自然。表面上的自然和真实的自然是完全不同的两种事物。"她接着说。礼仪的这种内在悖论——心里想的和嘴上说的不一样——让很多人都认为礼仪就是不真诚的表现。"你真实的感觉和表面上的反应有差异，这是不真诚的。比如，当你在别人家失手打碎了女主人最喜欢的灯，她却说'哦，没关系，别担心'。当然有关系啦，但她的第一要务是要让对方心里好受。

"很多人都说礼仪是人为的、虚伪的。但他们真正反对的，其实是那种特别明显的虚伪。"马丁说，"是的，礼仪是人为的，但通常比对自然欲望的原始表达要好很多。比如舞蹈艺术，你看，人类的举手投足，是完全没有经过训练好看呢，还是你下了一番功夫去练习好看？"

社交上的优雅，和身体的优雅一样，都需要投入精力。千百年

---

[1] 美国记者，礼仪专家。

来关于准则的书中，都强调这一点：正确的行为必然需要你付出努力和自我约束。与人相处是一门艺术，和其他艺术无甚区别；或者说是一种锻炼，就像烹饪或者骑单车。当你越来越清楚地意识到什么样的品质能让事情变得更为和谐顺利，能够让周遭的人高兴；当你越来越想成为一个优雅的人，努力去练习优雅，那你就会做得更好，显得更真诚。这样一来，优雅就不会成为你的"表演"。不过，和所有通过学习才能拥有的技能一样，对于优雅的打磨和修饰，程度也有不同。

比如之前提到的那个主妇，她说"没关系，别担心"的时候，可能是咬牙切齿的，让你觉得自己犯了大错，感觉很糟糕；也有用真正的优雅面对，表现得更为出色的。也许她是像梅丽尔·斯特里普（Meryl Streep）那样的"老戏骨"，心痛不已却表现得云淡风轻，演技可以拿"奥斯卡"；也许她其实很讨厌那盏灯，很高兴可以把它彻底扔掉了；又或许，她是一个真正的无忧无虑的人间天使，一言一行都积极向上，纯真善良。这对于那个尴尬的客人都没有区别，因为他只求被原谅。无论这优雅是从什么动机展现出来的，他都会十分感激。

优雅，取决于遵守规则的风度能炉火纯青到什么程度，马丁说："你是一板一眼地表现得很遵守规则呢，还是能表现得这是你内心自然而然的反应，而那句'没关系，别担心'是本能地脱口而出的？舞者跃到空中，也是不容易的，观众席上的我们是看不到她血肉模糊的足尖与额头上的汗珠的。同样，如果女主人和舞者一样优雅，我们就不会看出她可能在想，'哦，天哪，修好要花好多钱啊。'"

承认吧，如果我们一直都在袒露自己内心最真实的感受，这个世界将变得不可忍受。就像马丁说的："正是通过这种掩饰，我们才让世界变得更加美好。"

然而现在，我们的摇摆不定走向了极端，诚实的价值被过分强调，机智的掩饰、自我的约束和对优雅的训练都慢慢没了踪影。导致这种情况的出现与一系列的打击有关，但根源在20世纪50年代、60年代兴起的反对过分复杂生活的思潮。过去，自我发展是要建立健全人格（这是一个内在的过程，永无止境，而且非常缓慢）；在当代，自我发展变得容易多了，主要就是集中于那些我们可以买到的东西上。一路买买买，买来好生活。在百货商店和购物广场汹涌的人潮中，在无处不在的广告中，在那些能窥视别人生活与财富的电视节目中，"买买买"成为当代人自我完善的途径。

和过去的观念相比，这实在是一百八十度的大转弯。美国的国父们，十分关注内在的自我完善。本杰明·富兰克林（Benjamin Franklin）[1] 二十岁时，就已经致力于"道德完善"，有系统地训练自己，拥有了一系列美德，从沉默真诚到平静谦恭。每天晚上

---

[1] 18世纪美国的实业家、科学家、社会活动家、思想家、文学家和外交家，美国独立战争时期重要的领导人之一。

他都进行自省,用图表来记录自己的进步。约翰·亚当斯(John Adams)[1]在一篇例行的日记中,也写到自己下决心要成为社交场合更受欢迎的有心人。"我发现自己常常毫无理由地心不在焉,越来越孤僻,不愿意与人打交道。那么,就让我一直努力,改正这些缺陷吧。"但两百年后,这些清教徒留下来的精神遗产,被人们更感兴趣的车子、电器和引人注目的发型与外貌给扫地出门了。

二战后郊野地区快速发展,那些后院的烤肉派对,露天场所的喝酒聊天,美味的干酪酱……也是在逃离太过复杂和正式的人生。经过数十年的经济匮乏和萧条,中产阶级终于解脱出来,他们受到时代趋势的鼓励,形成一种更花哨、更随意的生活方式。随之而来的是出生率疯狂上涨的"婴儿潮",这个时期出生的孩子从小面对的就是繁荣和美好,被各种各样的物质包围着。他们是一直备受关注的"唯我一代",不知谦和为何物,对社交上的优雅和自律也毫无兴趣。多少年来,少年们或多或少都对长辈存有叛逆之心,但到这一代身上,达到了前所未有的浩大和疯狂。这样一来,大众就更为随意浪荡,更"做自己",凸显不羁和自由。他们父母那个年代的彬彬有礼,变成过时的负担。

对孩子的抚养和教育也渐渐发生着变化。在"不那么正式"的新时代,对孩子们进行风度教育已经不流行了,言行中微妙的优雅

---

[1] 美国首任副总统及第二任总统。

被认为是明日黄花,甚至还加上了一个更糟糕的讽刺:"精英"。任何稍微有点"绅士架子"的行为,都让发展壮大的中产阶级、青少年的反主流文化和冲击波一般的进步思潮嗤之以鼻。这是一个痛苦的年代,人人渴望改变,公民权利和妇女解放运动沸沸扬扬。但这些不是唯一被动摇的社会传统,人类文明的起源也受到了影响。

一个婴儿满地爬的国家,迫切需要发展的建议,越简单越好。于是特别容易被大众接受的"以孩子为中心"的主张应运而生。主要倡导人是本杰明·斯伯克(Benjamin Spock),他写了一本引起轰动的畅销书《婴幼儿保健常识》(*Common Sense Book of Baby and Child Care*),首次出版是在1946年。捧读这本书的父母们,似乎拿到了"特赦令",放弃了过去那些养育孩子的条条框框和严格原则,只是简单地去"享受自己的孩子",来,要抱抱,不要打屁股。如果你要探询优雅的衰亡史,大概能在这本书的字里行间一窥踪迹。

斯伯克写道,人们喜欢懂事有礼貌的孩子,所以"父母有义务让孩子变得可爱"。但他也强调了一个观点,"好的风度是自然而然的",只要一个孩子对自己感觉良好。

然而,自尊并非放之四海而皆准的解决方法。事实上,一些研究者甚至将今日大学生和三十年前大学生相比,自恋人数大大上涨的结果归咎于80年代的自尊运动。自恋的人对自己的认识特别浮夸,对别人又完全不在乎。研究者们认为,如果父母一直在孩子耳边不断地说他有多特别(而不是表扬他有多勤奋,或者多善良),等他们长大成人后，就会对那些社会地位不高的人缺乏耐心。我们都遇到过很多人，或男或女，或老或少，自视甚高，却毫无优雅之态。向一个孩子灌输自我价值与自信，本意是想让他变得更好。但没有受到过为他人着想这种教育的孩子，又怎么变得更好呢？如果连别人的感觉都不懂得尊重，他是不可能具有同情心的。

"可爱"当然是非常好的气质，但这对父母培育子女来说，还真是个低标准。这个词只说明别人对孩子的态度，而且毫无特别之处。可爱，就是你在被动地接受别人的肯定。而"和蔼"，才是你所给予别人的。这是由别人来决定的，是与人相处的艺术。你要成为别人温暖的支柱，热心地去帮助别人，减少大家对自己的关注。"可以的话，做个美人；必要的话，拥有智慧；但和蔼，是必须自愿去获得的品质！"20世纪30年代家政学校发出的小册子《魅力》如是说。有趣的是，斯伯克认为"可爱"最重要的因素推翻了长期以来美国传统的观点，这些观点曾经被在美国开疆扩土的清教徒奉为至宝，延续了整个19世纪和20世纪最初的几十年。一个人的人格，要通过对别人的服务来建立，不管是服务上帝，还是你周围的人。在这个比较"老气"的观点里，你对自身的关注越少越好，只需要控制住那些任性冲动。把别人的需要置于自己之上，是正确的，也是优雅的。

粗鲁文化

优雅面临的最大威胁，我只能称之为"粗鲁文化"。我们对自己给他人造成的影响非常迟钝。开会的时候，我们直截了当地否决别人的想法；我们大大咧咧地嘲笑他人；我们当着同事的面批评别人；或是在更加有趣的人加入进来时，立刻表现得热情，让别人发现自己根本不重要。这些时候我们完全没有考虑别人的感受。有一次，我和一位女同事吃午饭，她看到人行道上走过一个她认识的男人，于是她透过窗户拼命挥手引起他的注意，然后热情邀请他加入我们的饭局。但他刚来到我们桌边，她还没来得及介绍我们认识（我选择相信她本打算这样做），她的手机就响了。她一直把手机放在桌上的，就是免得漏接电话。结果，她忙于接电话，早就忘了把一个街边走过的男人叫来和我们一起吃饭这件事，把我和一个陌生人留在尴尬的沉默里。一个电话，她就把我俩都忘了。

我们身上这些设备，真是吞噬优雅的黑洞。"我们得多发发邮件！"有段时间没见的一位朋友对我说。因为没时间聊天。电子邮件和手机信息是很方便，但也让我们身躯佝偻，没有了与人接触的感觉，和周围的人们越来越疏远。坐个地铁，就像上幼儿园似的，不想跟你分享座位的男生"小朋友"大张着腿，占了好大一个空间；

女生"小朋友"则把自己的大包小包都放在旁边的座位上，根本不在意辛苦站着的你。也许是因为她忙于发信息，无暇注意到你，就像那个坐在柜台边的玩具店老板，拿着平板电脑，屁股也不抬一下，没时间帮我找个合适的玩具送给侄子。我真傻，还以为她是在输入重要的数据，而我那个更加精明一些的十几岁的女儿，马上就看出她这姿势是在鬼鬼祟祟地发信息。

有的人长时间趴在键盘上，站起来时显得那么笨拙。臀部紧张，脖子耷拉，后背粗肥。我注意观察人们走路和站立的姿势，发现大多数人从前面看都是松松垮垮的，双肩前倾，胸往后缩。也许是因为坐得太久、开车太多、走路时间不够或者姿势不对，我们的脚步非常沉重，一直低头看着地面或者手里的东西，失去了轻盈自在行走的能力。优雅已经不仅仅是被我们抛诸脑后的东西了，我们的身体，也离优雅很远了。

我们反而会被"不雅"吸引。互联网上点击量最大的，几乎都是那些关于不雅行为的报道："电影明星因为香槟弄洒大发脾气"；"林赛·罗韩[1]被赶出酒店"；"贾斯汀·比伯在'照片分享'上敷衍歌迷"[2]。

电视真人秀也把"不雅"作为一个卖点。粉丝们看真人秀，就

---

1 Lindsay Lohan，童星出身的好莱坞电影演员、歌手，关于其私生活的绯闻很多。
2 Justin Bieber，富有争议的加拿大歌手。"照片分享"即"Instagram"，手机平台上的应用程序。

是为了看别人出丑,看某人对别人说,他们被解雇了,很烂很糟糕,是"一颗老鼠屎"。《美国偶像》(American Idol) 这档节目从前的最大看点,就是西蒙·考威尔(Simon Cowell)[1]用言语凌辱参赛者,而这位参赛者无异于自愿接受公开羞辱。我们真的这么傻吗?当然不是。有幸进入下一轮的竞争者也会彼此羞辱,身体上言语上都是如此。《辣妈热舞》(Dance Moms) 里的那些妈妈笨拙的舞步,让地铁上那些如学步孩童般挤来挤去的乘客都要"自愧不如"。观众们则能通过对比得以"自我膨胀",不负责任地来几句恶毒的讽刺。

当然,"不雅"的狂欢在电视之外仍在继续。2014 年 5 月,埃文·斯皮格尔(Evan Spiegel),这位轰动却短命的照片分享应用"Snapchat"的创始人和首席执行官召开了一场道歉会。因为他就读斯坦福时写给大学组织"兄弟会"[2]成员的一些电子邮件被曝光。邮件里不无得意地诉说了女学生联谊会的女生(他称之为"女联荡妇")的"光荣事迹"。大伙还开玩笑问他在约会时撒尿没。有些人还说,这是兄弟会典型的"乐子"。

我们是不是太容易愤怒了?还是我们对那些真正使人愤怒的东西(比如虐待和折磨)已经麻木了?"网络暴怒"成为见惯不惊的

---

1 英国人,音乐顾问,现代流行音乐开先河者。担任多个音乐选秀比赛的评委,以"毒舌"著称。
2 美国一种比较普遍的大学生社团,非强迫性地参加,但是参加了则是一种扩张人脉的捷径。

生活日常现象,并已经成了一个仪式,只要是言辞不当的推文,就有人一拥而上,义愤填膺,口诛笔伐。发泄愤怒是个令人满意的循环:一个名人失态了,被冒犯的人发上"推特";"被告"针锋相对;博客上纷纷转发,"脸书"上公开撕破脸……人人都在跟进这个,相信我,就算你那个地方最严肃最权威的报纸也在跟进。跟进了很长时间以后,突然又冷下来。干吗还关注呢?又有新的事件炒热了,值得我们去愤怒、去疯狂。

我们所在的环境,真是"连吃带拿":利用他人,把控他人,自私自利。而相反,优雅却是和给予联系在一起的。如果回想一下,你会发现,希腊神话中的"美惠三女神"正是魅力、美和轻松欢乐的给予者。

在很多领域,比如运动、娱乐、生意,等等,成功并不仅限于赢,而是要赢得彻底,击垮对方。人人都渴望拥有绝对的掌控权;他们觉得权力比优雅的价值大多了;从别人那里攫取,是值得骄傲自豪的。给予则被认为是一种次要的品质,甚至是一种弱点。现如今,人们不择手段,只求打垮对手,一击即中,无论是从实质上还是感觉上。仿佛社会上的大多数人都被现在的"强硬美学"给迷惑住了。

一次,商业分析师问波音公司的首席执行官吉姆·迈克纳尼(Jim McnNerney)会不会在六十五岁退休,这是该公司的不成文的规定。而后者给出了否定的答复,并且解释说(用强调的语气来有目的地引导公众),是他选择把自己的形象弄得像个魔鬼的:"我的心还在跳，员工们看到我还是会吓一跳，"他说，"我会继续努力工作。目前还没有走人的打算。"

这是另外一个令人难忘的公开"道歉"。但迈克纳尼的话其实很强硬。目前还没有走人的打算，就像永动机：还在滚动的时候为什么要放弃？如果你是站在攫取的位置，为什么要放弃？那些低你一等的人等着让你去羞辱践踏，等着你把他们吓一跳，等着为你创造利润，创造飞黄腾达的机会，那就必须要做，因为可以做到。

做大当时是很好的，但成为巨擘才是最好的。财富的雪球要越滚越大；坎耶·维斯特（Kanye West）和金·卡戴珊（Kim Kardashian）[1]的婚礼要极尽奢华；好莱坞大片的技术特效也要做得让人目瞪口呆。（比如，原本平易近人、充满人性魅力的《绿野仙踪》被改编成《魔境仙踪》后有多么面目全非。电影的主要元素就是3D巨幕、电脑特效的风景、震耳欲聋的音效、爆炸和令人紧张的严肃感。）

在这一切现象组成的大环境下，同情与谦卑同在，慷慨与体贴共存，高雅的内敛而不是浮夸的炫耀，轻松自在而不是弄得气氛紧张……一言以蔽之，所有这些优雅的品质，看起来都非常过时了。

---

[1] 坎耶·维斯特是美国歌手，人称"嘻哈天王"的说唱巨星。金·卡戴珊是美国娱乐界名媛，服装设计师，演员，企业家。两人在2014年5月25日完婚。

"跳出你自己的小圈子，为谁做点什么——这会让你的心也温暖起来。"这句催促出自 1935 年一本行为指南：《讨喜的个性！如何优雅地成长》(*Personality Preferred! How to Grow Up Gracefully*)。这本书和同时期的很多书一样，透析了优雅的发展史，并认为要取得这种品质，必须从身体上、心理上和精神上都养成相应的习惯。

"优雅，不是你能在特殊场合前掸掸灰尘就能展现出来的一系列行为，"作家伊丽莎白·伍德沃德（Elizabeth Woodward）告诫年轻的读者，"而是你自己每天的举手投足。"

伍德沃德是《妇女家庭杂志》(*Ladies' Home Journal*)的编辑，她是在收到成千上万年轻女性的求助信件后写的这本书。在 20 世纪中叶的社会巨变之前，对年轻人的成长建议基本上都遵循着古训，比如伍德沃德这本书。一个人努力和世界接触，被视为一门艺术，需要练习和完善。从某种程度上来说，这就像持续一生的一场舞蹈，有规则，有舞步，有设计好的动作，也有排练的需要。生活的艺术不仅包含人们在晚餐桌上或客厅里说什么做什么，还有他们在很多情况下的行走坐卧，不管是大动作还是小动作。通过仪态和得体的肢体语言来控制自己的身体一直是种种"准则指南"中的重要部分，如在《如何优雅地成长》和类似的出版物里。这就是优雅生活的本质。

你的举手投足

举手投足不仅仅是仪态的问题，当然仪态也很重要。举手投足，还关乎不紧不慢，从容镇定，这样你行走坐卧，才能尊严不减，才能轻松自在，才不会打扰到别人。"一旦着了急，女孩儿们就会摔跤，撞到人家怀里，踩到别人的脚，把东西洒在裙子上，说错话，做错事，所以啊，请慢一些，"伍德沃德写道，"在你一头扑到各种事情上之前，给你的大脑一个机会，想清楚行动计划。"

"看那充满魅力的女子走进某个房间，她优雅、从容，完全把控着当下的局势。"家政学校名为《魅力》的小册子如是说。这本小册子诞生于20世纪30—40年代之间，是那时众多以邮购方式寄送的行事手册之一。那时候，大家把家政看作一门艺术、一门科学，妇女应该自学音乐欣赏、园艺、编织毛毯和"如何根据收入制定预算"。推测起来，如何做个讨喜的人，也应该处于同等重要的地位。

"我们的举手投足，"小册子中名为《身体的美丽》一章这样写道，"应该好像每一块肌肉都在演奏音符，结成一段和谐的交响。"

礼仪书籍作家艾米莉·博斯特（Emily Post）显然同意这个观点。1922年，她出版了一本极具代表性的书：《社交、商务、政坛与家中礼仪》(*Etiquette in Society, in Business, in Politics and at*

Home)。书中,她带领读者去想象和虚构一个社交场合的主妇,着重强调了她完美的步态。

某某太太是怎么走路的呢?如同巴甫洛娃[1]在跳舞。她的身体达到完美的平衡,身子保持直立,却一点也不死板僵硬。她迈的步子不大不小正好。和所有优雅的行动者和舞者一样,她走路用的是臀部而非膝盖的力量。她的手绝不会轻易摇摆,更不会把手掌放在臀部!走路的时候,她也不会把手举起来做胡乱挥舞的手势。

这位"某某太太"很有可能在进入舞会等社交场合之前,会花时间做一些心理准备。优雅指南总会说到,优雅,从你迈出第一步之前就开始了。在你静静站着或坐着的时候,优雅就潜入你的心中,让你镇定自若,以最好的状态迎接即将开始的好时光。你要去参加派对吗?"集中精力于你的精神状态。"伍德沃德写道。对于她来说,这就是优雅的精髓:平静而谨慎的心理态度。得到这种态度,靠的是事前的准备。舞会派对开始前的几天,为了避免临场紧张,先试穿一下你的新裙子,练习一下穿着这条裙子行走坐卧。然后就忘记自己穿着这套华服,专心致志于你的心情和心理状态,这样才能让

---

[1] 安娜·巴甫洛娃(Anna Pavlova),俄国人,20世纪初芭蕾舞坛的一颗巨星。

别人感到和你交流很舒服。多听听美妙的音乐（但她也写道，不要听太多爵士乐，那会让你有点神经过敏，这可是优雅的天敌），出门之前，读点法语读物，唤醒你的头脑和心灵。这样看来，可爱不仅仅关乎你的外表，也不在于能不能记得礼仪规则（虽然这本书也讲了一些相关的内容）。伍德沃德写得很清楚，最重要的是你的外表和行动的"质量"，能否表现你的高贵、自在，能否给他人传递温暖。今天年轻女子们的主流观点是，只要去商场，穿梭在货架间，来个买买买，就能买回一个新的自己。想象一下，如果向她们宣传我上面提到的观点，会有什么反应。

《魅力》中写道："如果你有很清楚的自知，那么想想和你交流的另一个人。当然不能一心二用，所以你不能'自'知，只想着自己。这是获得魅力的第一课。"

低调

这本书和同时代同类型的其他书中，有个不变的主题，那就是低调的美德。不让别人注意到你是最终的目标。当然在一个很快乐的地方与亲密的人在一起，或者是在其他需要你受人瞩目的场合除外。一个人应该与周围环境和谐地融为一体。那些指南全都告诫读者，公共场合不要引起别人的注意。这只会引起奇怪和尴尬。首先要考虑别人。去看电影或者戏剧时，想想和你一起穿行其中的其他观众；走向座位的时候，不要碰到他们的膝盖或者踩到他们的脚。努力做一个不打扰别人的安静的观众。吃东西的时候，要平静；说话的时候，要低声。克制，约束，甚至旅行的时候也尽量把香水留在家里。"很多人在飞机上会觉得不舒服，所以要考虑一下他们。"伍德沃德写道。那时是 1935 年左右，这建议听起来还很前卫。因为那时坐飞机对大众来说还算一件新鲜事，而且体验基本上是吵吵嚷嚷、摇摇晃晃。

自我控制

所有的一切，尊严、体贴和优雅，它们的基础就是自我控制。衣服的镶边与鞋跟的高度这类时尚瞬息万变，究竟如何穿着才符合礼仪也难以把控。但说到优雅，一个人对于礼仪到底是随意处之还是严格遵守，并不是最重要的。优雅是由于自我控制而达到的轻松自在的状态：把握自己的反应、需求和关注点，把注意力放在他人身上，创造更为顺利流畅的交流和令人愉快的氛围。但对于我们大多数人来说，自我控制并不是天生的。这是一门技能，需要不断练习；需要我们信任的长辈温柔但持续的提醒；还需要在日常生活中学习大量的榜样。

自我控制的重要性显而易见，成为很多著作争相讨论的话题。

而这些著作也相当有价值,被妥善保管,世代流传;而其他的一些作品已经化为烟尘。这些著作的作者正是古埃及大臣普塔霍特普。四千多年前,他就提出这样的思想,认为在社交场合要表现得优雅,最必不可少的就是自我控制。

"不管心中如何翻江倒海,嘴上也要有所节制。"他写道。他告诫众人,要有善心,要关注他人,要学会安静而同情地倾听别人的讲话。他特别提到要化解怒气:"小心,不要打断别人,不要在气头上做回复。远离这些暴躁情绪。控制你自己。"

普塔霍特普提出这样的劝诫(在原本的象形文字著作中被形象地归纳为"控制内心",因为当时"心"被认为是一切的起源,其实已经预言了未来关于"处事规则"文学的压倒性主题,从摩西[1]到"礼仪小姐")。自我控制是秩序良好和社会和谐的关键。就拿古埃及典籍中的描述来说,如果你控制自己的心,控制这个身体的引擎,你在很多层面都会更加如鱼得水,轻松自在,无论感情上、生理上还是社交上,要顺利与他人相处,做出无处不在的微小却优雅的举动,需要你自己采取措施,去装备和改良你自己的"引擎"。比如,谈话中,不要自顾自地滔滔不绝,要给别人说话的机会;还有,不管你是有意还是无意,如果不小心发了火,搞得气氛尴尬,要勇于道歉,缓和大家的情绪。一直以来,优雅都被认为是一种美;举

---

1 《圣经·旧约》中的犹太人领袖。

手投足之美、眉目顾盼之美、行为言语之美。不过，那些贯穿人类文明史的作家们告诉读者，这一切美的来源是自律。自我控制，让优雅之美的花儿尽情绽放。

换句话说，优雅其实来源于努力。由内而外的努力。不断练习，不断集中，持续自律，才能走向优雅。在这条道路上，你会收获智慧（也就是由练习而获得的习惯），能够保持安静，不断掂量那些瞬间跃入脑海的话语和反应，不至于想也不想就脱口而出。

20世纪30年代，大家普遍认为优雅是一种习惯性的练习，需要一个人全身心地投入，会彻底提升一个人的水准，这个观点似乎与文艺复兴时期意大利的流行观点不谋而合。那个时期的作家和艺术家们，都十分执着于人人优雅的理想社会。米开朗基罗和拉斐尔用各自的艺术形式去表现人的优雅，使人们也在雕琢自己的行为处事，以此来完善美学与精神。16世纪的佛罗伦萨，诗人和大主教乔瓦尼·德拉·卡萨（Giovanni Della Casa）将优雅和细致严谨的工匠精神相提并论。在他的言语之间，优雅是一门艺术，即根据那些永恒的平衡、秩序与和谐的原则与人相处。他对社交场合的优雅下了定义，也可以说这就是高尚的艺术与廉价的"冒牌货"之间的差别。

"一个人，只是品行良好还不够，还需要对周围的人与事表示关爱，并且以上等的优雅来表示关爱。"德拉·卡萨在他的著作《礼貌行为准则》中写道。这本薄薄的小册子出版于1558年（作者本人去世两年后），很受欢迎，而且在全欧洲掀起了学习意大利社交优雅的热潮。德拉·卡萨写道："好的优雅并非其他，而是一种风度上的光芒，在人与人之间良好的秩序和交流中放射出来，与当下的环境完美地融为一体。"

如果没有这样的"恰到好处的举手投足"，就算是好的事情，也不能算美丽。他继续写道："而这种好的事情和行为，也并不令人愉快。"

德拉·卡萨还写下了很多详细而严厉的说明，指导大家去达到这种好秩序。最重要的是控制自己的身体，要让所有的行动都变得流畅和谐，成为一个优雅的整体。所以，无论是什么样的身体动作，都需要加以重视。

坐着的时候，不能伸手抓着椅子，不能挠挠这儿，挠挠那儿，也不能随地吐痰。站着的时候，不要佝偻身子，也不要倾斜；走起路来，不要着急忙慌地跑，因为这样会让你"疲倦，汗流浃背，且上气不接下气"。

谈话的艺术，不是看你多么妙语连珠，多么会"抖机灵"，首先要看的，是你身体上的自律。"另外，需要时时刻刻观察自己，审视自己，如何移动身体，特别是在谈话中。"德拉·卡萨写道。健谈的人一说起话来可能就会忘乎所以，变得粗心大意，于是乎"一个摇头晃脑，另一个眉头紧皱；一个撇着嘴，另一个唾沫横飞，溅在别人脸上"。

德拉·卡萨这本《礼貌行为准则》的意大利书名叫"Galateo",既是"礼仪"之意,又取自一个朋友的名字。不过也有可能是在说皮格马利翁的传说。这位希腊雕塑家为自己雕刻了一尊理想的女人,并爱上了这尊雕塑。因为他的爱,这尊雕塑活了。而雕塑的名字就叫"Galatea"。也许德拉·卡萨想通过书名暗示,优雅的行为举止就是"自我雕塑"的一种途径,提升我们的层次,把日常的行为都变成生活的艺术。(他不是唯一将学习礼仪风度与生活艺术联系起来的作家,萧伯纳[1]也在同名剧作中用到了皮格马利翁的传说。还有很多类似的例子,不胜枚举。)

超然

在整本《礼貌行为准则》中,德拉·卡萨不断指出优雅的悖论。比如体态方面,他用充满魅力的字眼,把优雅描绘成"风度上的光芒",但这种光芒来自掩饰得很好的艰苦努力。任何打磨或者试图打磨自己作品的人都应该对这个说法了然于胸。吉恩·凯利(Gene

---

[1] George Bernard Shaw,爱尔兰剧作家。

Kelly)[1]就花费多年时间，让自己在快节奏的踢踏舞中，双肩依然能保持柔软和放松；罗杰·费德勒（Roger Federer）[2]击打了一堆小山般的网球，才把动作练得那么流畅迷人。这两人和其他舞者与网球运动员的不同之处，就是他们的优雅，而这种优雅，来源于他们掩饰努力的技巧。

说实在的，这算是一种天赋异禀。数百年来，其都被认为是优雅的关键，无论是身体上的优雅，还是社交场合的优雅。德拉·卡萨的书问世前几年的1528年，意大利诗人和外交大使巴尔德萨·卡斯蒂利奥内（Baldesar Castiglione）提出了"潇洒"这个概念，就是一种超然的态度，让困难的任务看上去轻而易举，并达到优雅的境界。在卡斯蒂利奥内的著作《廷臣论》(The Book of the Courtier)中，文艺复兴时期意大利最杰出的、隶属于乌尔比诺公爵的一群贵族和门客聚集在一起，讨论一个朝廷大臣应该拥有的理想品质，也就是一个完美的"文艺复兴人"。从本质上来说，这是给老练世故的欧洲人的一本"自助书"，为如何存活于世提出了一种人文主义的观点。卡斯蒂利奥内最著名的观点就是他关于和谐社会的畅想，这个社会的主流是美、理性和悲悯，如同拉斐尔为他所绘的肖像画。这位平和的画家与模特之间的亲密非常明显地流露在画布上，两人

---

[1] 美国著名男演员，20世纪50—60年代好莱坞歌舞片之王，主演过的著名歌舞片包括《雨中曲》等优秀作品。
[2] 瑞士网球巨星。

惺惺相惜，大使的眼中正流露着这样一种神情。这幅肖像画和著名的《蒙娜丽莎》有着惊人的相似，从优雅的姿态，到低调的着色，再到那种安详的柔软的光。这幅肖像藏于卢浮宫。这些用文字诠释优雅的作家是时代的英雄，同时也流芳百世。《廷臣论》在国际上都堪称畅销书，几个世纪以来，一直被奉为行为准则和标准。

可以把这本书想成16世纪的《高效能人士的七个习惯》(*7 Habits of Highly Effective People*) [1]。卡斯蒂利奥内认为，一个合格的朝廷大臣要精通兵器、骑术、舞蹈等技能。但最重要且必需的习惯，是"无论言行，全然优雅"。

高贵的出身有益，但这并不是核心。卡斯蒂利奥内书中知识最渊博的人物卢多维克伯爵说，虽然大家都认为身体的优雅是天生的，学不来的，但其实是可以通过努力获得的。只是必须要"早点起步，从最好的老师那里学习相关的原则"，还有，"如果可能的话，必须随时随地，让自己的言行举止与导师相似，或把自己变成和导师一样的人"。

于是卡斯蒂利奥内就在这里提出了著名的"潇洒"理念。如果没有轻松，优雅也就不复存在。轻松，就是要避免矫揉造作，"所作所言都要显得轻而易举，不费吹灰之力"。

灵巧能够创造"最伟大的奇迹"，书中的伯爵说，而艰难的挣

---

[1] 史蒂芬·柯维（Stephen Covey）著，全球畅销书，也是享誉全球的版权课程。

扎"表现出优雅的极度缺乏"。这种轻松的优雅中,有种非常美好的意大利风范。想想两位意大利演员,马塞洛·马斯楚安尼(Marcello Mastroianni)和索菲亚·罗兰(Sophia Loren),他们举手投足之间的轻巧、活力与自然而然的气度,真是让观者心旷神怡。

轻松的概念,宣扬的还有另一种"意大利式"的优雅:美丽的形体。就是以整洁美丽的衣冠和得体的言行,给人留下好印象。换句话说,出门去面对这个世界之前,先把你的外在状态调整到最好。这当然和那种肤浅地要讨人喜欢有所不同。

轻松,也意味着一种淡然低调的态度。如果你拼命努力想让大家去欣赏你辛苦的努力,那就不是轻松了,或者说做得太过了。往往会起到适得其反的效果,显得矫揉造作。如果你一丝不苟地费心搭配了一身行头,或者精心准备了一顿丰盛完美的菜肴,说一句"哦,我只是随便弄弄的",会让你周身罩上一种不可触碰的光芒,远离我们这些压力重重,临时抱佛脚,连做菜都忘记放调料的"凡夫俗子"。厨房里的优雅,我们要学习的典范是特别接地气的朱莉娅·查尔德(Julia Child)。想想这位英勇无畏、魅力非凡、真实诚恳的美食家,晃动着她的土豆煎饼,甩到半空,再用煎锅接住,同时又在和电视观众愉快地聊天。她让这一切看上去都那么容易,就连失误也自然可爱。

这就是轻松自在!

最高境界的轻松自在能让完美主义带来的刻板与冷漠变得柔和

温暖。有的人可能会过于渴望表现得完美成熟。比如，举办宴会的主人，可能过于关注自己做的鲑鱼饼，忽略了招呼客人；或者是某位客人，妙语连珠，完全把谈话变成了独角戏，因为渴望做大家注意力的中心。这些行动很不优雅，因为完全展现不出平静，也不能让别人轻松。他们也没能让周围的人得到最渴望的东西：归属感、人性的联结、小小的喜悦。优雅，就是要在做这一切的时候，达到技巧和愉悦的平衡。

戏剧中的案例：礼仪上求全责备，却并不优雅

愉悦和轻松，应该是微妙且毫不费力的：很多小事都能达到德拉·卡萨说的"风度的光芒"。悦他人以悦己。为了小事挑剔求全，小题大做，一惊一乍，只能说明你想引人注目，并不是真诚地与人相处。

这个世界太容易为转瞬即逝的肤浅的喜悦而趋之若鹜了，我为这样的世界而伤感。过去的几代人都非常重视一个人性格的锤炼，包括自律、服务他人和信仰上帝。但我们也要小心，不要对那些日子过于怀念，因为其对于正直生活的观念十分呆板僵化，有些令人窒息。作家凯瑟琳·安·波特（Katherine Anne Porter）就曾一针见血地洞察了 20 世纪早期充满严苛评判和偏见的美国社会，她将这

种僵化的观点称之为"公理道德"太过严格的行为准则,甚至规定:一个人该爱什么样的人,和什么样的人结婚;有什么事情是男人可以做的,女人则不行;谁能上天堂,谁不能……所有这些准则和规范,全都没找到重点。我们之前不是讲过,"优雅",是阿芙洛狄忒与狄俄尼索斯的孩子,是爱与愉悦的果实。

萧伯纳带着一双目光如炬的慧眼,以巧妙的笔触,表现了人们炫耀时的丑态:情绪阻塞,缺乏同情心和人性。

萧伯纳的剧作《芭巴拉少校》(*Major Barbara*)中,布里托马特·昂德夏福特女士就是上流社会所谓的"文雅"、但其实盛气凌人的化身。面对战战兢兢的儿子,她斥责打骂,求全责备,仿佛她能把乔治·华盛顿的行为准则倒背如流,但却丝毫没吸收到其中真正的精神。她宣扬自制克己,却错误地认为这种品质的用处是来抵制对外界的同情和共鸣。只有中产阶级才会面对世界的邪恶,陷落到"动弹不得,无助恐惧的状态"中,她嗤之以鼻地说:"我们这个阶层,是去决定邪恶之人下场的,任何事情都动弹不了我们本身的贵气。"

写《卖花女》(又名《皮格马利翁》)的时候,萧伯纳有没有联想到德拉·卡萨的《礼貌行为准则》?剧作中的角色希金斯教授,说不好研究过德拉·卡萨的礼仪手册,也像那位古希腊雕塑家一样,对伊莱莎这位说着满口土话的卖花女严加指导,事无巨细地把一切上流社会的教养教给她,从英语发音,到行为举止。后来,伊莱莎的生命绽放了,她不仅仅成为一名言行得体的英伦淑女,更成为一个自尊自爱的人。她本来是一具雕塑,现在得到了真正的自由。萧伯纳字里行间的她,有着真正高贵的人品和性格,与那个受过良好教育,却浮于表面的希金斯完全不同。虽然这位教授那么练达世故,却冷漠无比,对人轻蔑嘲笑,全无优雅可言。毕竟,他的目标是要赢得一场打赌,而非真正去帮助谁。

"亲爱的儿子,把自己交付给优雅吧!"

美国开国之初,对于风度和仪态的要求非常强硬,《卖花女》中的亨利·希金斯一定会非常赞赏。在殖民社会严苛的阶级划分下,年轻人必须乖乖服从和遵照权威。乔治·华盛顿那本被奉为行事宝典的行为准则在言语间就十分推崇这个观点。

后来,一本关于轻巧自在而非用力徒劳的专著进入美国,而那时候美国也正巧兴起新的风潮,动摇着旧的社会秩序,于是,一切开始改变。查斯特菲尔德伯爵(Earl of Chesterfield)所著的教子书《一生的忠告》(*Letters to His Son on the Fine Art of Becoming a Man of the World and a Gentleman*)于1774年在英国问世,那时候作者已经去世了一年。但该书很快在大西洋两岸掀起了狂潮,十分畅销。虽然美国的殖民者一直努力要摆脱英国那些条条框框,但仍然欣赏英伦的精致与高雅。这本书里有一个令人兴致盎然的世界，多姿多彩而又很有深度，带领你去领略随心所欲的优雅生活，品尝美酒佳酿，欣赏莺莺燕燕，结交好友至交，无论任何人，在什么地方，都能适用。查斯特菲尔德第四任伯爵菲利普·斯坦霍普（Philip Stanhope），做了很长时间的外交官。他是英国驻荷兰大使，还是思想家伏尔泰（Voltaire）与孟德斯鸠（Montesquieu）的朋友。然而，他之所以被后世铭记，只是因为他最伟大的成就：三百多封包含父爱的书信，诠释着生活的艺术，树立了优雅的丰碑。这些书信全都发自一个父亲的内心，从未以出版为目的。也许正是因为这个原因，这些文字才充满了活力，一点也不装腔作势，几个世纪后的今天，仍然如此。

和全世界的父母一样，查斯特菲尔德伯爵对自己的孩子充满关切，试图通过书信让他准备好面对现实生活。他怀着一颗父爱的心写道，衷心希望能听到人们如此评价自己的儿子："多么有风度，多么优雅，真是深谙悦人的艺术！"但伯爵先生要下大功夫，才能把儿子塑造成一个绅士。因为和他同名，身上承担了家族厚望的儿子菲利普·斯坦霍普并非嫡出，名义上是他的"教子"。

风靡美国的"行为圣经"最初竟然是为了培养一个私生子所写，这其中的讽刺意味非常强烈。然而，正是这样的事，才让一切变得更为生动。就像卡拉瓦乔所引以为傲的，他画妓女，画那些浑身脏污的圣人，他们身上有种卓越超群的美。事实上，伯爵先生这种追寻有着民主的天性，才会如此吸引一个在前无古人的路上摸索的社会。优雅人人可为，你不必出身高贵。你甚至也不用敬拜上帝。查斯特菲尔德伯爵比较偏向于意大利风范，讲了很多行为的细节，而没有像当时风靡英裔美国社会的说教那样，过多地用道德来粉饰他的建议。他并没有写很多道德责任或服务他人的内容，但觉得让别人高兴也是非常关键的，不过，最重要的当然是优雅。

对于他来说，优雅是微妙的，难以捉摸的，但又是不可缺少的。与优雅的人共处之后，你就能凭直觉感知到这种品质。而优雅的人中，法国人算是一大代表。在他看来，法国人对于优雅的讲究，实在可以称得上一门宗教了。巴黎就是"优雅之都"。在那里，谈话是一门艺术，人人都关注着语言和口齿的准确和典雅。充满魅力的神采也是优雅的一部分：愉快诙谐"洋溢在每个人的举手投足间"。

你的穿衣打扮，你的行走坐卧，你的举手投足，你的言语说话以及你的心情和精神，全都能显露优雅。"亲爱的儿子，"1748年3月，他写道，"把自己交付给优雅吧！"（这句话全部用的大写字母，以表强调。）接着他继续写道：

> 同样的言语或行为，有了优雅和没了优雅，产生的不同影响，可以说是不可思议的。优雅能够铺平通往内心的道路；而内心对于人与人之间的理解有着很大的影响，所以优雅关乎我

们的利益……

这些优雅的行为举止,是由成千上万密不可分的小细节组成的,永远让人赏心悦目。一个美人,一些充满教养的动作,得体的穿衣打扮,和谐悦耳的声音,某人脸上那敞开心扉而愉悦美好的表情……所有这些和其他很多事情,都是永恒欢愉的必要条件。尽管没人能用语言清楚描述这种感觉,但人人都能从内心感知到。

几个月后,他的书信描述了一幅卡尔洛·玛拉提(Carlo Maratti)的绘画,主题是"绘画学院"。画的主角就是象征优雅的"美惠三女神",站在一条横幅下,横幅上写着:"没有我们,再多苦工都是徒劳。"伯爵写道,人人都知道这是绘画的真谛。但很少有人想到,这也是人类"一切言行的真谛"。

他写道,问问自己,为什么有的人令你心情愉悦,有的人却无法做到。你会发现,前者永远有优雅的陪伴,而后者没有。我认识很多女人,身材脸蛋都堪称美丽的教科书,却取悦不了任何人;而有的女人,身材样貌都不起眼,却让人人都对她的魅力心醉神迷。原因何在?因为离开了象征优雅的美惠三女神,美神维纳斯也没那么魅力非凡了;然而离开了维纳斯,美惠三女神却依然那么有吸引力。

此言不虚。这话能解决很多难题。比如安妮·海瑟薇(Anne

Hathaway），一个美得惊艳的女演员，为什么会遭遇那么多批评；而为什么亲民平和的詹妮弗·劳伦斯（Jennifer Lawrence）就大受欢迎，没有负面消息。劳伦斯得到了"美惠三女神"的陪伴：她很自然，很镇定，就连裸照泄露也泰然自若，不失方寸。和安妮·海瑟薇一比，她可能是个更好的伙伴。

查斯特菲尔德伯爵的很多建议都是永恒的真理。比如，他反对让别人不舒服的一切行为。"在有同伴的情况下拆阅信件……是粗鲁的不礼貌行为，这似乎在说，'我俩没什么好谈'的了。"（在有同伴的情况下翻阅电子邮件不是一样的吗？）伯爵认为生命是一场酒宴，我们应该充满胃口地去享受。为了享受到完全的乐趣，他的儿子需要学者的知识、贵族的风度，需要"读万卷书，也行万里路"。而这万里路，就是全世界，是天地万物，是一切的一切。"任何事物都值得一看。"他写道，敦促自己的儿子去欣赏歌剧、戏剧，甚至"萨瓦人的西洋景"，因为这也是一个伯爵应该去认识的东西，并不会显得不高贵或者有失身份。

良好的教养，意味着轻松的谈吐和行动，还要尊重每个阶层的人。"心中无半点芥蒂，身体上也无任何别扭。"让身体上无别扭，关键就是自控。说到这个问题，查斯特菲尔德伯爵将自己和他的时代以及过去时代那些关于自我掌控的伦理道德规范联系起来，认为长期的自控，能够造就得体的人生。他建议儿子清晨早起，下午锻炼，夜晚享受陪伴他人和被他人陪伴的感觉。

注意,"僵硬不灵活的身体是多么忸怩!"避免这种情况,需要一种"翩翩风度"。他写道:"你无法否认,我也无法表达,翩翩的风度、充满教养的动作,和引人入胜的谈吐会带来多大的好处。男女通用,甚至在生意场上也能助你一臂之力。这些品质能夺得别人的关注与偏爱,让他们心旌摇曳,直至完全着迷。"

而卡斯蒂利奥内所说的"潇洒"概念中,翩翩风度蕴含着一种人为的技巧。当然不是造作忸怩,这本身就与轻松背道而驰。这种技巧的目标是看上去毫无技巧,自然而然,但要达到这种境界,必须刻苦练习。查斯特菲尔德伯爵在写给儿子的书信中也不断强调这一点:要让别人看不出破绽,必须付出努力。他在字里行间常常催促儿子要学会"装"。他的哲学是,装装装,直到习惯成自然。

读者对他的建议可谓照单全收。如果查斯特菲尔德伯爵的儿子能学会这些优雅的品质,那么人人皆能。尽管写信者本身没想过推广给大众,最后却变成了全社会趋之若鹜的行为宝典。"风度、礼仪与优雅,光靠理论是学不来的,只能在那些具有这三样品质的人之中去学习、去运用。"他写道。所以他告诉儿子,要和那些精英交往,模仿这个圈子的行为举止,随时注意观察和学习他们的行为。这其实是在告诉普罗大众,即使优雅并非你生而有之,也能通过努力去获得,自身也得到提升。

他的有些建议倒是有点守旧和糊涂。比如,他说女人只不过是"膨胀了的儿童",不可信任她们去办严肃的事情。思想家马基雅维利（Machiavelli）自己大概也写过了研究别人的弱点，才能知道"该用什么做鱼饵让他们上钩"，不过这可能是有关政治的一种觉悟。但引起顽固派强烈批评和反对的，是查斯特菲尔德伯爵所说的，运用优雅和风度，去获取一种"花花公子"式的生活方式。有个版本的引言就告诫读者，查斯特菲尔德伯爵"毫不关心人类的大义"。当然，这也是他的书信集如此畅销的原因之一。编辑要么删去了他关于"找女人寻欢作乐"的比较带有偏见的那些章节，要么全部出版，只是道个歉而已。整个19世纪，查斯特菲尔德伯爵的声望在美国一路高涨，直到这本书超越其他同类书籍，成为最受欢迎的行为准则。一直到20世纪，还不断出现各种版本，很多都换了个书名，《美式查斯特菲尔德》（*The American Chesterfield*）[1]。

不过，伯爵的这番苦心最后具有了令人悲哀的讽刺意味：多年来，这本书对广大陌生人造成了巨大影响，而对书信本身的对象却没起到多大作用。小斯坦诺普三十六岁意外英年早逝，他去世几天之前，父亲刚刚给他写了最后一封信。

2006年的电影《蠢蛋进化论》（*Idiocracy*）将当代这种粗劣和不

---

[1] 完整的书名是《美式查斯特菲尔德：通往财富、荣誉与杰出之路》（*The American Chesterfield, Or, Way to Wealth, Honour and Distinction*），收录的不仅仅是查斯特菲尔德伯爵写给儿子的信，还有其他著名作家有关礼仪的篇章。

优雅的趋势带到了一个概念上的极端。军队进行了一项人体冬眠实验，不料实验出错，被冰冻的男人被遗忘了。五百年后，他醒来，发现人人都变得非常愚蠢，几乎不会表达；快餐的分量大得惊人；家庭的主要消遣是一个叫作《哦，我的蛋蛋！》的节目。优雅和读写能力以及智慧一起灭绝了。

第二部

优雅是一种生活态度

第五章

巨星的优雅

优质的女人即使坐在垃圾堆上，也是美丽的。

——马克辛·鲍威尔（Maxine Powell）[1]

衣香鬓影，摩肩接踵，提着爱马仕经典柏金包的人们为了抢到座位看一场九分钟的人偶剧竭尽全力。就算是牛圈里的牛，大概也比纽约时装周的记者生活得更宽松些。

在拥挤的人群中穿梭，终于在那些狂热追求时髦的人们中间争得露台上的一席之地，光鲜的名人和他们的随从如约而至。他们在"星光大道"上闲庭信步，如同上帝的化身。一旦在前排的专属座位上落座，他们会假装不注意周围伸长脖子好奇张望的人们。反正这

---

[1] 美国礼仪专家。20世纪60年代曾在摩城唱片公司给很多歌手教授礼仪。

些名人走到哪里，都是电光灯闪烁，好奇目光追随。

我之前一直是这么想的，直到某个上午，"王薇薇"（Vera Wang）时装秀就要开始，T台灯光渐暗。走秀开始前最后一分钟，阴影中出现一个女人，小跑着穿过T台来到自己座位上。虽然穿着高跟鞋，她还是尽量跑得很快，微微弯着腰，双眼低垂，显然不想让别人注意到自己。但这个女人是歌坛超级巨星碧昂丝·诺尔斯（Beyoncé Knowles），大家当然还是注意到了。

整个时装周我见过的衣服中，她这一身是最可怕的（这说明是非常非常可怕的了）。刚刚遮住臀部，腹部也被挤压得变了形，在大腿周围变窄。事实上，她看上去就像陷在一团棉花糖中。但她的光彩啊，依然无比炫目！舞台几乎没有灯光，没人看得到她。但她似乎自带金色光芒。这是碧昂丝的神奇之处之一，也是让所有女人钦羡的地方。难道是她特别受灯光师的青睐吗？啊，这更让人嫉妒了。这些都不用多说，真正让我注意到的，是她凝视着T台时，眼中那种愉悦的期待。

她在座位上坐得很直，投入这种翘首以待的气氛中，似乎迫不及待地想看这场秀了。

碧昂丝有种能力，舞台上极尽挑逗性感之能事，私下里的形象却非常优雅文静，两者达到完美的平衡，也是我一直最崇拜她的地方。她的光彩，那种自带的金色光芒，似乎是从内心发射出来的，是由内而外的魔法。说白了，就是优雅。优雅随时跟随着她，因为她从小到大受到的教育，就是要以善意待人，而她也时时遵循着这个道理。她敬业的盛名并非侥幸所得，空穴来风。她是最专业的明星，公共场合从未毫无准备，衣衫不整，或情绪失控。她也一直洁身自好，很少让小报抓到绯闻把柄。这些就足够让她成为娱乐圈的行为典范了。但她以自己女人的身份，继续助推这种积极的影响，比如成立全女性成员的乐队，创作一些有关力量和自我接受的歌曲。

她也许不是唯一严于律己和传递正能量的流行明星。但论起身体的优雅，这个圈子里没人能与之比肩。在世的娱乐圈艺人中，没人像碧昂丝一样，既性感柔软，又健美有力；既让人愉悦，又充满力量。她大概拥有一种专属的吸引力，无人能够企及。否则，你怎么解释她可以穿着"恨天高"自由自在地旋转，甩头发，同时完全掌控自己的动作呢？她摇摆修长的背部，似乎挖掘了人类形体最新的可能。她在艺术感染力方面也是品位非凡。2013年"超级碗"橄榄球赛的中场秀上，就是对女演员玛琳·黛德丽（Marlene Dietrich）致敬，用卡巴莱歌舞表演表现她自如的性感（感谢你们，碧昂丝和麦当娜这样的流行巨星，总是时不时提醒人们，曾经有位天才女演员，叫黛德丽）。

关于碧昂丝的优雅，我这里的例子数不胜数。比如，她在采访与公开场合亮相中时时洋溢着人性的温暖；还有坊间盛传她在奥巴马总统第二次就职典礼上假唱美国国歌《星条旗永不落》时，表现出来的冷静和镇定。那简直就是如何避免争端的教科书级例子：传闻正盛,大家纷纷出来口诛笔伐时,她保持沉默,直到风波过去,她巧妙而有说服力地平息了批评之声。机会是在丑闻爆出后一个星期来临的,她在"超级碗"前的记者招待会上,面对聚集一堂的媒体,现场无伴奏演唱了国歌,给了大家一个愉快的惊喜。"还有问题吗?"随着她高亢地唱出最后一个音符,打消了所有对她歌唱能力的怀疑后,碧昂丝轻声问道。

不过,碧昂丝所展现的最难能可贵的优雅,还是在我开头提到的纽约时装周林肯中心的舞台之下。

没有光彩照人的巨星出场,没有挨挨挤挤的随从保镖,没有要把目光聚焦到自己身上的企图,也没有"我是巨星我怕谁"的自大态度。她展现的是为人的谦虚和对这个场合的尊重,虽然穿着一件奇怪的裙子。过了一会儿,三个模特穿着一模一样的裙子从T台上走过来。碧昂丝是这个设计师最新的气泡裙的代言人。但她并没有穿着招摇过市,而是一如既往地低调。

我为何对碧昂丝的言行念念不忘?因为这位天后当时做的是"反天后"的事情。因为她没有做那个抢风头的骄傲孔雀。她没有因为出名就趾高气扬,逼着在座的人去注意她。秀场的明星哪一个不是自我爆棚,总是一副不耐烦的大牌模样?但她却用行动提醒我们来这里到底是为了什么,她引起了我们的深思。

车水马龙,熙来攘往,我都开始厌恶这个世界了,至少是曼哈顿中心这个吵吵嚷嚷的世界。但在那个昏暗的秀场,在我快得"幽闭恐惧症"的时候，这位流行音乐天后所展示的低调亲切的优雅，真是出类拔萃，令人神清气爽。

流行文化催生出的明星，骄傲自大，问题多多，这些我们都习惯了。克里斯·布朗[1]家暴蕾哈娜（Rihanna）；坎耶·维斯特大闹泰勒·斯威夫特（Taylor Swift）格莱美领奖现场[2]；"小甜甜"布莱尼，穿着暴露低俗令妓女都脸红，面对全国观众公开在电视上一哭二闹三上吊；整日寻欢作乐的林赛·罗韩（Lindsay Lohan）数次进入戒毒所。

显然，金钱和名声不能保证你在这个世界上轻松自在地活着。在一个自我为中心、趾高气扬目无他人的地方，优雅是无处可寻的。但很多流行明星成名的时候都还是乳臭未干的小孩，面对鲜花掌声，他们岂会知道怎么办呢？

"优雅是习惯的积累，"18世纪法国伦理学家约瑟夫·朱伯特（Joseph Joubert）写道，"如果要保持这种迷人的品质，需要长久的练习。"

想象一下，如果有这么一所学院，教年轻的明星们优雅处事，时时刻刻考虑到那些成就他们星途的公众，管理控制自己的身体，小

---

[1] 嘻哈歌手，曾因家暴女友蕾哈娜被判刑。
[2] 两人均是歌手。后者得到格莱美年度最佳唱片时，正在台上发表获奖感言，前者上台抢走她的话筒为碧昂丝鸣不平。

心把握自己的名誉，同时也赢得别人的尊重。

这其实就是早期的摩城唱片公司。

碧昂丝也是间接的受益人。她的镇定自若似乎与生俱来，毫无做作痕迹，但其实这种品质由来已久，甚至在她童年之前就有迹可循。可以追溯到她在休斯敦的经历，再穿越几千公里，一切与摩城唱片公司息息相关，早在碧昂丝出生的几年前，一个身形瘦小却器宇轩昂的女人，改变了流行文化的面貌。

将近二十年里，碧昂丝的父亲马修·诺尔斯（Mathew Knowles）都将女儿的事业托付给摩城唱片。碧昂丝的事业起步是从一个女子流行演唱组合"天命真女"（Destiny's Child）开始的。诺尔斯的人生榜样就是摩城唱片之父贝里·戈迪（Berry Gordy Jr.）。后者在签约歌手之后，会对他们进行全方位的训练，确保他们具备一切优质明星的素质。

"戈迪会教授明星们礼仪。他会真正考量歌手的发展。他培养出来的歌手全都光彩照人。这才是音乐世界的真谛"。诺尔斯告诉《乌木》（*Ebony*）杂志。所以，和前辈戴安娜·罗丝（Diana Ross）与格拉迪斯·奈特（Gladys Knight）一样，碧昂丝不仅接受了歌舞方面的训练，还接受了很多明星气质的细节训练，这是戈迪旗下歌手的必经之路：穿高跟鞋走路，接受采访，无论何种情况下都保持泰然自若。

最关键的是，碧昂丝吸收了马克辛·鲍威尔遗留下来的精髓。

鲍威尔身材娇小，意志坚强，曾经做过模特和演员，她对优雅的执着追求对20世纪的美国文化产生了深远的影响。20世纪60年代期间的五年，她管理着摩城艺术家发展精修学院（Motown Artist Development Finishing School），教那些青少年如何站立、坐卧、行走、着装、与歌迷和记者交谈，以及避免可能毁掉他们职业生涯的公开出丑。

"精修学院"听起来可能有些古怪清奇，但事实上鲍威尔创造了一个新的现实世界，恢复了古老的传统：高贵的尊严，精心装扮的外观和正直的人品。在英国流行文化入侵的高峰期，"甲壳虫"乐队和其他英国组合在各项排行榜上遥遥领先，鲍威尔则为新一代的美国艺人创造了令人难忘的面貌和风度，强调了优雅的重要性，能够让公众心醉神迷。就算这些艺人要打破人种肤色的障碍，也是充满风度、魅力无限的。

"你们会成为能够为国王表演的巨星。"在全明星班开班的第一天，她就开门见山。下面坐着美国女子天团"至上"（Supremes）、奇迹乐队（the Miracles）和主唱史摩基·罗宾逊（Smokey Robinson）、"玛莎与凡德拉合唱团"（Martha and the Vandellas）的玛莎·里夫斯（Martha Reeves），还有十一二岁的"音乐神童"史提夫·汪达（Stevie Wonder）。

"别忘了，他们当时都还是孩子，"多年后，鲍威尔告诉《人物》（People）杂志，"他们来自寻常街巷。他们任性顽劣。他们不知道说话时要直视别人的眼睛,也不知道握手是种礼节。"

羞涩的马文·盖伊(Marvin Gaye)习惯闭着眼睛唱歌,鲍威尔帮他改掉了。虽然有些女人觉得这样挺性感的,但鲍威尔坚信,给大家唱歌的时候,应该看着他们。她告诉盖伊:"你这么英俊,希望你走路的时候调动你身体的每一寸肌肤。"很快,盖伊就学会了充分利用自身的先天条件,变成舞台上最最迷人而优雅的存在。你看他膝盖轻轻弹跳,徘徊游荡,却又从不把全部的自己展现给我们,那种有节制的轻松自在,那种带着点挑逗的温柔和流畅,和他高亢甜蜜的嗓音一样引人入胜。

玛莎·里夫斯告诉我,鲍威尔希望歌手们在呈现最好状态的同时,也能忘记小我,不以自我为中心,多多考虑他人。

"她教我们要抬起头,随时注意着周围的一切,这是尊重别人和他们私人空间的表现。"我打电话向里夫斯询问早年的摩城生活时,她如是说。

多年前,鲍威尔曾经做过独立表演,对于如何把控舞台,她可谓了如指掌。她让歌手们用头顶着书保持平衡,以此来纠正他们的身姿。她教歌手们在舞台上如何走出直线,在走出豪车时膝盖要并拢。在她孜孜不倦的教诲下,决不允许出现任何粗鄙难堪的行为。

面对今天众多明星公开轻浮挑逗的样子,她会怎么评价呢?事实上,鲍威尔有很多话要说。比如,2013年,纽约布鲁克林举办的音乐录影带颁奖礼上,二十岁的歌星和演员麦莉·赛勒斯(Miley

Cyrus）穿着暴露的比基尼，进行了一场全无优雅可言的表演。表演时动用了泡沫手指、毛绒熊等道具，歌手本人做了很多粗野轻佻的动作，但最引人注目的还是这位原迪士尼频道童星的臀部，贴着搭档舞蹈摆动，就像咬了钩还垂死挣扎的鳕鱼。观众普遍都觉得反感恶心。底特律当地一个电视新闻节目当时采访九十八岁高龄的鲍威尔，问她对此事的看法，她毫不留情地批评说："跳舞要用脚，不用屁股。"最后一个音节她说得铿锵有力、掷地有声，以表强调，其中有种女王般的威严和高贵。

但鲍威尔要说的不止这些。她奉献了一生，致力于明星们的内在修为，让他们散发由内而外的优雅。而她自己也正是奉行这些准则的典范。所以，当全世界都在对赛勒斯的低俗表演口诛笔伐，鲍威尔展现了内在的优雅，给了这个年轻女孩一个台阶下。

"我给她的建议是，不要糟蹋了自己的天分，"鲍威尔说，尽管因为高龄，声音颤抖，但仍然带着温暖的善意，"多做尝试，努力成长，成为更好的人。并且向自己保证，永远，永远不要再让自己出那样的丑了。"

鲍威尔就从来没允许过摩城的歌手们出这样的丑。她最最核心的规则包括：不要"突出你的臀部"。永远不要背对着观众。尊重你的歌迷。

还有，名气这个东西，变幻无常，所以要时刻自省，不可自我膨胀。

"他们收获赞美时，"鲍威尔告诉《人物》杂志，"我教他们要说，'非常感谢，但我们还需要成长。希望下次见面时，您会觉得我们更好。'"

有些明星被她严苛的训练弄得大发雷霆，但这没有改变任何事。"不管你事业取得多少成功，打了多少次榜，在全世界多么著名，"2013年鲍威尔去世前不久一次为她举办的仪式上，史摩基·罗宾逊说，"每周有两天你都必须回到底特律，参加艺术家发展培训。这是必修课。"

遇到戈迪之前，鲍威尔在底特律经营过一个宴会厅和一个礼仪精修与模特学校，让黑人模特首次登上了汽车广告。1964年，她成为戈迪的雇员。

除了模特之外，她也研习过舞蹈和表演，还接受过正规上等的旧式演讲训练。这种训练强调良好的身姿、体态的表达、肢体语言的运用和声音与发音同样重要。18世纪，演讲术的主要训练对象是演员、政治家和传教士，但一个世纪以后，大声诵读诗歌文章变成一种流行，大家都认为这是一种很优雅的休闲方式，于是演讲术在中产阶级大众中也兴起了。女人们尤其趋之若鹜，把这作为自我提升的方式，因为在当时的社会，她们并没有多少机会接受高等教育。

"演讲术不会让普通女人变成演员或者雄辩的演说家，"著名的演讲术教师安娜·摩根（Anna Morgan）在1893年写道，"演讲术不会让你更聪明，也不会大大提高你的品位，这些都是灵魂自然散发的芳香。但演讲术能解除你身体的混乱,就像给一件本来音准很差的乐器调音。"

就算你没受过多少教育,通过学习演讲术给你的身体这件乐器调调音,让它能够流畅地演奏,也能提高你的地位。比如底特律廉租房区域出身的"至上"女子合唱团和史摩基·罗宾逊,就是这样一步步成为耀眼的明星的。

当然,鲍威尔的影响也让他们的音乐更受欢迎。戈迪理想中的唱片,是所有人都感兴趣的,不管他们是什么种族,来自什么阶层。他的目标是创造经典,永远流行。"至上"的戴安娜·罗斯、佛罗伦丝·巴拉德(Florence Ballard)和玛丽·威尔森(Mary Wilson)便是如此:青春洋溢的女孩,穿着晚礼服(鲍威尔选的),轻柔地摇摆着身躯,有种微妙的挑逗感。

不过,光靠外在的优雅,也走不了多远。鲍威尔帮助罗斯打磨她的表演,让她重新审视自己的外表,超长的睫毛到底需不需要,同时不再在相机面前做作地睁大眼睛。但这位歌手的双肩很紧张,一点也不优雅,似乎是种自我保护的机制,鲍威尔一时间毫无办法。这是很明显的身体语言,说明盛名之下,压力巨大。"至上"是20世纪60年代的女子天团,但这种蹿红却并不轻松。

鲍威尔最深远的影响,当然远远超出了那些晚礼服和身姿体态。她在一个全新的领域,去挖掘真正的优雅:思想。

"她教会我们的,是高尚优质,是自我珍惜。"玛莎·里夫斯在献给导师的纪念文章中写道。

"压力下的优雅风度。"此话最早出自海明威之口,但这位作家完全没有做到。而在民权运动的巅峰时期,摩城唱片的歌手们做到了。在鲍威尔的训练下,他们尽管每天面对侮辱和压力,回应时却依然高尚尊贵。里夫斯写道:

> 我们不是抗议者,我们不会去集会,不会去抗争,我们必须从心理上和精神上冲破桎梏和障碍。她教会我们,到一个地方,如果被拒绝招待,我们该如何优雅地回应。我们会礼貌地走出去,另外找一个地方。她教会我们如何宽容,如何隐忍,如何保持坚强的心智。万幸,我挺过来了。当时,有很多人不知如何克服心理障碍,没有顽强地坚持下去。

克服心理障碍,顽强地坚持下去——这是最最重要的优雅。特别是早期的摩城歌手们,作为黑人,他们需要在那混乱肮脏的时代活下来,还要维护公司名誉,保全事业,同时坚持自己的精神。

对于一些人来说,鲍威尔的课程主要教会了他们沉着冷静。比如,史摩基·罗宾逊从一开始就是个中翘楚。他的声音流畅高亢,他的体态轻松自在,令无数少女尖叫着迷。他就是摩城的猫王,每次表演完之后都需要在头上罩上一件大衣,伪装离场,否则会被歌迷围得水泄不通。但这种天生的优雅,应该产生更深刻的影响。

1963年,亚拉巴马州蒙哥马利市。摩城唱片的几个天团在一个驯马场为遭遇种族隔离的观众表演,这是他们"汽车城"巡回表演的一部分,为了与当时歧视黑人的风潮抗争。巡回表演覆盖了东海岸的大城市,但也深入不太友好的南部。在那个蒙哥马利的驯马场,舞台上还挂着两面旗子:美利坚合众国和美利坚联盟国。在这两面旗子前,"玛莎与凡德拉合唱团"、"奇异合唱团"(the Marvelettes)、玛丽·威尔斯、"诱惑合唱团"(the Temptations)、奇迹乐队、十二岁的史提夫·汪达,在一个十二人乐队的伴奏下轮流登场,最后,他们来了个精彩的集体亮相,共同演唱奇迹乐队的热门歌曲《米奇的猴子》。

和歌手们同台的还有两个手持棒球棒的男人。他们站在前面,一边一个,确保观众不跟着跳舞。

"要是有人跳舞,他们就会被棍棒相加。"玛莎·里夫斯在电话里回忆道。

当时,这在南方是司空见惯的事情,表演场地常常有一条绳子,警察到场维持秩序,将白人观众和黑人观众分开来。

史摩基·罗宾逊和奇迹乐队是当天最闪耀的明星。《米奇的猴子》是摩城唱片早期最受欢迎的歌曲之一,这首歌曲风轻松活泼,听到的人都会情不自禁地跳起舞来。那引人入胜的节奏,常常让大家拍着手唱起来,由此兴起的"猴子舞"风靡全国。所以,当罗宾逊快要接近最具有感染力的尾声时,场中的紧张气氛空前高涨,舞台上人人都知道，底下的观众不可避免地会想跳舞，这些歌迷面临被棒打的风险。这样的事情以前他们也见过。

罗宾逊站在麦克风前，决定来点不同的表演。他先对两个手拿大棒的男人说话了。

"他对他们说，'我们就要跳舞，要享受好时光，'"里夫斯回忆说，"他告诉他们，'这就是一支舞曲，你们俩可以让开了'。"有了史摩基·罗宾逊这句话，整个局势都缓解了。

"他的声音高亢却又平静，"里夫斯继续回忆，"他语气也没有特别愤怒，而是充满关切，用男人对男人的口吻。于是那两个男人就说，'好吧，伙计，你说什么就是什么吧，'说完他们就让开了，和罗宾逊开口一样轻松。他就是有那种威严，能让他们停手。"

罗宾逊开口唱起熟悉的调子，那两个手拿大棒的男人，"也跳起来了，"里夫斯说，"最后，在场的所有人都冲破了障碍和桎梏。大家互相拥抱，亲吻，大笑，感叹音乐的伟大。"

"那还是有史以来第一次，我们在南部的表演没有以某人挨打收场。史摩基阻止了这一切，是他的功劳。"

他能成功，运用的就是优雅的声音、体态，以及友好的理性。他有一颗善解人意的心，有丰富的想象力，最重要的是，他有勇气，能够把本来可能很难堪的局面变成鼓舞人心的场景。罗宾逊的精神与身体，都向我们展现了一个模范的优雅时刻。

优雅能够力挽狂澜。他的言语和体态，变成电光火石，点亮了某种出人意料的东西：惊喜、奇迹，甚至是尊重，让那两个壮汉低头，让观众折服。他们有没有听到那安静的枪响？看到那惊人的力量？嗯，他们一定感觉到了。

那一夜，在种族歧视依然盛行的南方，被偏见隔离开的人群聚集在一起，欢快起舞。

第六章
日常生活中的优雅练习

说到底,艺术的主题,包含了日常生活中种种稀松平常和最简单亲切的东西。

——路易·埃德蒙·迪朗蒂(Louis Edmond Duranty)

《新绘画》(The New Painting)

我的办公楼附近有家不错的餐馆,是吃午餐的好地方,炒的菜不错。但几年前,就餐体验还是要碰运气的。

有个负责点餐的人脸特别臭。现在我不常见到他了,这也是有原因的。你一走进去,就像欠了他钱似的,而且他也会明确表达自己的不满,对你冷若冰霜,让你脖子上的汗毛都竖起来了。等你点的菜来了,他从传菜口那头推给你就迅速离开了,你还来不及提任何其他的要求。你可千万别傻得像我一样,居然要求拿个叉子。他向我投过来的眼神仿佛在说，他要是有比塑料餐具尖利的东西，搞不好就要把我一刀了结了。

这个人不仅服务态度差，整个人的体态也是缩起来的。透过他的T恤衫，能清楚地看到他的肩膀紧张地耸着。这么紧张的体态，你远远就能感受到他整个人散发出来的苦涩和刻薄。他不应该在这种公共场合工作。任何需要和人接触，哪怕只需要一点点优雅的工作，他都不适合。也许很久以前他就厌倦了服务别人，他的怨恨与抵触每天都在心中翻滚。对于某些人来说，服务别人是苦差事，越快摆脱越好。

然而对于其他人来说，这是一种召唤。

好的服务是一门艺术。其关系到一个人的选择，即选择优秀和完美；这也关系到对于他人的关爱和奉献，而这就是优雅的精髓。

不久前，我在纽约的古根海姆博物馆（Guggenheim Museum）参观一个加州艺术家詹姆斯·特瑞尔（James Turrell）的展览。这位艺术家致力于探索光与空间的关系，作品的基调比较昏暗，比如，空空的房间，墙上开了一扇小窗户。我在博物馆里走着，心想，灯光这么暗我会不会错过什么。在一个展厅前，人们在排队等待进入，我也过去排上队。展厅一次只能放几个人进去参观，里面是一个黑暗的影子在一堵更暗的墙上的投影。外面的经历其实比展厅里有趣多了，负责维持秩序的是一个矮小壮实的保安，黝黑的皮肤像天鹅绒般柔和。而他的肢体语言，简直能照亮天空。

面对排队者,他俨然是个优秀的主持人。他是一直都这么高兴呢,还是今天心情特别好?他像挥动翅膀一样挥动着胳膊,让我们各就各位,然后张开双臂,仿佛一个巨大的拥抱。"两分钟。"他边说边灿烂地笑着,口音也是醇厚动听,抑扬顿挫。他在自己的岗位上愉快地工作,朝新来的人打响指,欢迎他们加入队伍,又大步流星地走到大厅,看还有没有谁要来,偶尔身体后仰,踢踢腿伸伸腰。我真想了解一下他是哪里人。你看啊,仿佛他的内心在播放着无声的旋律。

轮到我进展厅的时候,我还在本子上奋笔疾书。他态度很好地对我说:"先写完,写完再进去。"等我把钢笔收起来,他双臂一挥如大鹏展翅,把我和几个排队的人放了进去。

从展厅出来,我问他是哪里人。"从我的口音听不出来?"他笑着问我,眼中闪烁着光芒。"嗯……"我默默地想着各种可能性,脑中交织了一幅非洲舞蹈传统和地缘政治的思维导图。他看见我在冥思苦想,于是大发善心,给了我个提示。

"科菲·安南[1]……"他说出了这个名字,就像电视上的填字游戏。

"嗯……"我结结巴巴的,想加入这个游戏,希望自己记得住这些知识。

---

[1] Kofi Annan,非洲加纳人,联合国第七任秘书长。

他脸上鼓励的神态似乎轻轻打开了我尘封的记忆:"加纳?"

"猜对啦!"他说,脸上的笑容更灿烂了,再加上一串开心的大舌音,仿佛是对我的奖励。

这个男人真是行走的快乐天使。他也深谙使用肢体语言与别人亲近之道。我在博物馆的圆形大厅再次和他相遇。大厅里全是艺术家设置的灯光设施,不断变换着颜色,是整个展览最精彩的部分。不过,也许是因为我被这个保安给逗得特别开心,才觉得这里很精彩。博物馆快关门了,他也准备下班了,潇洒地脱掉外套,扬起来,仿佛在自己周围荡漾起美好的空气。他朝我挥手道别,再来个贵族般的鞠躬。我脚步轻快地走过旋转门,来到第五大道上,心中洋溢着喜悦。

他给我一种被关爱的感觉,并邀请我一起加入他工作的"舞蹈"。优雅的行为就是有这种魔力。我们都曾有过类似的感受,比如,当你拿着一杯很烫的咖啡和食品袋走出咖啡店,有个人为你敞开大门,还闪开给你让路;再比如,地铁站台上年轻的女子,好心地拿掉耳机,用手机帮你查找要去的目的地,为你指路。

这种人与人之间的联系能带来一些意想不到的欢愉时刻。而只有当你更大范围地见证这种联系,欢愉才会无限延伸。忙碌的工作环境中,不允许出错,人们会展现一种集体的优雅,他们都非常擅长自己的工作,彼此的行动衔接得当,天衣无缝。交响乐团的演奏就是一个典型的例子,弦乐齐奏,琴瑟和鸣;还有配合良好的外科手术团队，全美赛车协会的后勤人员，高峰时期在忙碌嘈杂的餐厅穿梭的侍者。他们共同的行动就是一种舞蹈，有属于自己的编舞，如果你认真观察，也许能发现个中奥妙。你应该听说过"人多力量大"这句话，原因在于：有韵律，配合默契的多人行动，让人无比舒心的同时又活力满满，把我们更紧密地联系在一起。

这会让我们原始的愉悦感得到满足。在一望无际的原野中，你时时刻刻都能见证这种集体的默契。写下这些文字是在8月的华盛顿，数千只求偶的蝉正在树上齐唱它们一年一度的求偶歌。它们行动一致，唱歌，展翅，再唱歌，这大概是昆虫世界最大张旗鼓的"求爱"行为了。

蜜蜂成群结队，鱼儿结伴戏水，群马奔腾，全都和谐优雅，如同合一。它们的同步性就是优雅的原因。就算是在崎岖的原野上奔跑长途，马儿们的行动也似乎潇洒轻松，不费吹灰之力，它们的步子那么协调，互相之间的配合那么默契，任何帮一群舞者排练芭蕾舞的教练恐怕都会嫉妒呢。

火烈鸟这种原始鸟类，其化石记录能追溯到五百万年以前，也许正是因为有这么长的进化和"排练"时间，它们的集体意识名扬天下。不管它们是在池塘还是湖水中栖息，求偶的舞蹈都流畅准确得像个歌舞团。在水边，跳到这里，再跳到那里，拍拍翅膀，来个高贵的舞步，再上下跳动，然后完全一致地摇动着头。研究者说，这种舞蹈是火烈鸟特有的求偶舞，它们应该是在找那种能和自己步调一致的鸟做伴侣。我想，任何对优雅比较敏感的人，都会明白个中真意。

无论是人还是鸟，这一切和谐潇洒的关键，就是让你自己融入集体中，所有的参与者合为一体，成为一个活生生的、呼吸着的有机体，集体超越个体而存在。你忘记了自己是个单独的个体。最最和谐的团队合作都会呈现一种卓越的品质，其中呈现的东西，比你的自我要伟大。

比如军队里的密集队形操练。历史学家威廉姆·麦克尼尔（William McNeill）在著作《永恒的和谐：人类历史上的舞蹈与训练》（*Keeping Together in Time: Dance and Drill in Human History*）中，就写到这种传统训练中"发达肌肉之间的联系"。虽然现在这种训练的参战目的已经很淡了，但还是有助于士兵们产生很深的兄弟般的感情。历史学家本人也是参加过二战时期军队训练的，他在这样的训练中，感觉到一种幸福和自在，"仿佛我在膨胀升华，超越了自己的生命"。

纵观人类历史，步调一致的活动一直都是把人们团结在一起、加强联系的利器。如果我们大多数人的生活中都缺乏这种联系，那么，观察别人，能给我们打开一扇窗，认识到这种活动的愉悦和优雅。

比如，你可以观察练兵场上军校学生的训练。不过，也有更日常的，比如餐馆里日渐兴起的开放式厨房，你就可以见证晚餐时间集体的优雅。好的后厨里，一举一动都是艺术，和练兵一样准确和谐。最好的厨师都同时具有士兵的服从和舞者的优雅。

一个星期六的晚上，在华盛顿特区西南一家名为"城禅"的餐厅，我就见证了这样的一幕。除了美味的意大利调味饭和肋眼牛排之外，主厨埃里克·泽依波尔德（Eric Ziebold）也献上了一场既优雅又高效的精彩表演。

泽依波尔德2004年来到华盛顿特区，之前的八年，他都在加州扬特维尔的"法国洗衣房餐厅"后厨，师承名厨托马斯·凯勒（Thomas Keller）。这家餐厅堪称吃货们的圣地，每每谈论起都是摇头晃脑，妙不可言。泽依波尔德在那里担任厨师长，同时还帮凯勒在纽约开了一家名为"本质"的超高端餐厅。

凯勒不仅对后厨的饭菜极尽挑剔，对饭菜端给客人的方式也相当讲究。"他总是说，服务就是舞蹈。"原凯勒旗下的餐厅领班菲比·达姆罗什（Phoebe Damrosch）如是说。凯勒找来法国巴洛克舞蹈专家凯瑟琳·图罗西（Catherine Turocy）训练侍者们跳小步舞。为何如此？图罗西告诉我，因为这一切都关乎优雅的动态。递出和接受的动作是非常重要的。小步舞曲发源于路易十四，是最最具有温文儒雅宫廷气派的舞蹈，曾经在法国风靡一时。舞者全神贯注，互相响应，而达姆罗什说，侍者也需要这样的技能。

"这家餐厅的老板传递了一个信息，这样的气质非常重要。我们是一个团队，我们必须精诚合作，否则无法成事。"达姆罗什回忆说，

"我们讨论身体的中心,讨论如何让肘部形成直角来端盘子,这样就算有人撞到你,你也能端稳。这一切的真意,就是如何让你的身体觉得舒服和稳定。"

泽依波尔德就在这样的环境下受到熏陶,也发展出自己的一套管理餐厅的办法。他以平静的威严著名,而且大家也都知道他一周七天,每天都在连轴转,工作起来像疯子一样。不过,最有名的,还是他的动作。

"我是看到埃里克在厨房里的样子爱上他的。"他的妻子西莉亚·洛伦特·泽依波尔德(Celia Laurent Ziebold)坦白说。两人是"法国洗衣房"的同事。

"我看着这个男人,在狭小的空间里准确地迈着步子,他周围的人也都配合默契,自然而然地移动着,"洛伦特·泽依波尔德说,"我当时就觉得,真美啊。"

看电视上的烹饪真人秀,你可能会以为专业的后厨就是疯子一样地撒调料,煎牛排。或者说大家各种自我膨胀,大声尖叫,如同亚马孙丛林里凶狠的野兽。但专业的后厨最重要的是反应迅速,下意识习惯性的重复,流畅高效地配合行动。著名的餐厅都模仿法国"厨房军事化"系统,其是一个多世纪以前参照军队编制形成的。主厨下面有几个副官(二厨),下面的流水线厨师就是厨房里的步兵,按照不同的菜单成为小分队:前菜、鱼类、肉类,等等。

必须如此。餐厅的厨房是对体力劳动要求很高的地方,如果调味的厨师在炉子边没站稳,撞上了正把装好盘的鹌鹑递给侍者的肉类厨师,绝对会引发连环灾难。主厨们就是将军,他们都清楚,自己有两个选择:要么训练有素,要么一片混乱。

泽依波尔德穿着浆洗得崭新立挺的白色主厨服,衣领上绣着他的名字。他这仪表堂堂的样子,可以直接站上领奖台了。他身材修长,面庞干净,一看就是个特别自律的男人。他那张友好的男孩般的脸上总是带着亲切的笑容,但轮廓分明的颧骨和下巴让人不由自主地想起棒球场上投手得分时那种高度集中的庄重。

每天晚上他的后厨可能会端出一千盘左右的菜。泽依波尔德对菜单进行了精密的规划,准备工作平均分配给手下的厨师。菜的种类很多,前来用餐的客人们享用每一道菜时,都能感受到一种有所把控的、稳定沉着的步调。

"我一直让他们做很多重复的事情,熟能生巧,"他边说边朝那些流水线厨师点点头,仿佛他们是芭蕾舞团的伴舞,"我和二厨们就做那种一次性的事情。"第一批客人落座以后,他的话就开始付诸实践。表演开始了。

后厨里,八个厨师挤在狭小的空间里,如同潜水艇上的船员。然而,他们的举手投足都饱含优雅的轻松,切菜、搅拌、把汤锅放到炉灶上,弯腰从矮矮的冰柜中取出肉类,然后又流畅地弹跳回去,把肉甩到煎锅上。

这些戴着厨师帽的"突击队员"们冷静地游走着,一遍遍重复着同样的动作。很多时候,他们离混乱就是咫尺之遥,稍微踏错半步就会前功尽弃,不是把猪排烧焦了,就是羊肉做得不合格,或鸭肉煮得太久了。他们若想不犯这些代价不菲的错误,不把自己送进医院,就须在时间的把握上下功夫,进行精心地演练,达到条件反射般的优雅。

两位二厨主要监督肉类和鱼类料理。肉类料理的厨师手指上缠满了止血贴。厨房的苦力们主要是做开胃菜的人,还有身材瘦长的艾利克斯·布朗(Alex Brown),他相当于是个"一人乐队",乐器就是锅碗瓢盆、美酒佳酿、勺子叉子。他做的是热前菜,比如水波蛋、肉汁玉米饼、意大利调味饭、汤,等等。

顾客点的菜单从柜台的一架机器上源源不断地输出。泽依波尔德撕下菜单,报出菜名。他的动作很冷静,很流畅,从不急急忙忙,也绝不东倒西歪。他挥舞着一把抹刀,就像指挥家挥舞指挥棒。

"三份鸡蛋,三份鞑靼牛肉!"

煎锅里热气蒸腾,布朗拿着一个锅子不断搅动着,尝一尝,又放到炉火上,然后放到厨台上。在一系列令人眼花缭乱的急速动作中,他搅动着意大利调味饭、煸炒蘑菇酱汁、加热卷心菜汤。他像一条鲨鱼,永远在行动,永远敏锐地注视着眼前的一切。

"两份鞑靼牛肉,一份意大利调味饭!"

布朗从备餐间的窗口抓来一堆锅子,脚尖旋转着来到炉灶前。过了一会儿,柜台上出现一锅卷着培根的鹌鹑,泽依波尔德刚好转身来拿。

离开后厨,来到烛光摇曳的餐厅,处处可见优雅的肢体语言。侍者一上菜完毕,身材瘦长的侍酒师就滑行到桌边,倒上葡萄酒,又丝毫不打扰到客人。如果询问卫生间在哪里,会有专门的侍者带你去,她会侧着身子走路,不甩给你一个冷冰冰的背部。走到门口,她会张开双臂向你示意。

厨房里是一曲忙碌的欢歌。负责鱼类和肉类料理的灶台边,二厨之一的科尔文·图加斯(Kerwin Tugas)从两个流水线厨师后方狭窄的空间里顺利穿行过去。他身轻如燕,平衡功夫了得,一切尽在掌控之中。走过的时候什么东西都没碰到,如同一只敏捷的猫,迅速回到自己的炉台前。接着又单脚旋转,来到另一个人身边,拿起一个煎锅。在两个厨师走到一起之前,从他们之间的缝隙中穿了过去。

后厨的人都喜欢这种紧张刺激。他们是系着围裙的人尖子,越忙碌越出色。布朗有节奏地颠锅,一下,两下,三下。接着,另一个厨师像滑冰一样走过来,伸手从一堆香菇上拿了点来装饰鞑靼牛肉,在狭窄的后厨自在地游弋。

"就像主厨说的,'没有完美,只有追求完美'。"图加斯说,"所以就是重复,重复,重复,习惯成自然。"

时间接近午夜,餐厅已经空空如也,厨师们忙着打扫炉台,一边从大塑料杯里不停喝水。泽依波尔德看上去还是像刚开餐时那么精神抖擞，他走到吧台跟正在擦红酒杯的迈尔斯聊天，说起自己入行的经历。

泽依波尔德的厨房会做玉米肉饼和红眼肉汁，因为这两道菜里包含了他生命本源丰富的情感。他在爱荷华州埃姆斯长大，父亲在一家报社工作，母亲是一名教师。每天下午3点下课后，母亲就回家做饭。6点钟，一家人都能准时吃上饭。

"要是你晚于6点才到餐桌，老天爷也帮不了你。"他说。

母亲做的是那种很传统的"慢食"：罐头自己做，咸牛肉也自己腌，家里有个地窖，架子上摆着满满当当的罐子。

如今，泽依波尔德对自己腌制的咸牛肉特别自豪，这是对过去岁月的纪念。"有些人追寻的，是那种让人瞬间忘乎所以的美食，"他说，"有些人追寻的则是情感上的联系。这就是我的灵感。"

回忆是他的一件灵感利器，渴望也一样。因为爱荷华文化中的另一个特色——摔跤，吃饭成为令人非常激动的事情。泽依波尔德在初中和高中都是摔跤爱好者，后来进入了州代表队，还获得了大学奖学金。这项运动不仅需要经历魔鬼般的健身训练，还需要控制体重。

对食物的渴望一直萦绕在他心中。他会和队友们一起"在店里走来走去，说'赛前称完体重之后我要吃这个，这个，还有这个'"。他回忆道。每每训练回家之后，他都会饥肠辘辘，不停地颤抖。

高中之后，他的体力算是耗尽了。他没有拿摔跤的奖学金，而是义无反顾地去了厨师学校,在那里,他可以放纵自己对食物的狂想。他当时身高只有一米七五左右,而父亲的身高则超过一米八三。泽依波尔德认为,是那几年节食阻碍了自己的身体发育。这项运动还在他身上留下了其他的印记,比如他工作起来的强度、专注和军队一样的自律。

他的举手投足中也有摔跤手的影子。那种运动员的优雅通过他的耐力与坚持展现得淋漓尽致。你看他在各个灶台之间自如地游走,一片忙碌之中却能泰然自若地把控全局。

美食之美,用味道谱写完美的和弦。这一切都开始于主厨的思想和身体,即那些渴望、那些回忆以及对劳动的热爱。呈现在你面前的美味,是后厨的优雅,是一系列美妙动作的结果。从厨师的身体,传达到你的舌尖。

做个优雅的侍者,不仅仅要体力耐力好,熟记每日特推菜。其优雅,还在于那种安静而满含期待的渴望中。

"你要站稳脚跟,又要时刻注意,""本质"(Per Se)的一名侍者达姆罗什如是说,"来到桌边,贴近客人,倒水、倒酒。你什么也不用说。"但一旦顾客需要什么,你马上就能出现在他面前,在他未开口之前,已经提供了贴心的服务。"你要时刻注意这个空间中的其他人,时时刻刻用肢体语言进行交流。"

她的回忆录《服务手记》(*Service Included*)详细记录了她在凯

勒手下接受严格训练的一年。在男人当道的四星餐厅,她很快脱颖而出,成为一名领班。她说,好的侍者就像社工,能凭直觉就知道别人的需要,注意到别人的焦虑,努力去解决,让客人感觉有人关心自己,但又不热情过度。一举一动的目的,都是要"让顾客轻松自在",而有目的的肢体语言也是其中一部分:流畅的步伐,不疾不徐,走过客人身边时不要目中无人,也不要从背后接触客人。

根据不同的客人,量身定制你的举止,也是一门艺术。"你要同时做个'百变天后,'"她告诉我,"单独进餐的客人可能比较需要你的陪伴;一桌子喧嚷的先生可能需要你半开玩笑的提醒……让每个人轻松自在的方法都不一样。"

达姆罗什已经不在餐厅工作了。离开"本质"以后,她结了婚,现在生活重心是自己的小家庭。她说,现在可能不能像以前那样,准确无误地倒香槟,让那金色的液体流入杯中一点也不晃荡。但她身上一直保留着做侍者时学到的更为重要的东西。她说,做侍者,其实是很好的生活训练。它教会你无声地沟通、肢体语言,训练你的举手投足和如何让别人舒服地做出回应。还让你明白一个很重要的道理:只要你在场,就是有力的安慰。

"好侍者是需要一点天赋的,你需要注意周遭环境和他人状况,还要做一个很好的倾听者,你要有那种让别人快乐的天分。我还记得一次晚餐时间,一个侍者拦住我,告诉我,每次都要让客人先走。不管发生了什么,有多忙,都需要停下为客人让路。客人的事情永远比自己的事情重要。"

"我很喜欢侍者这一行。"她说,"提升服务质量,变成一个真正出色的侍者,需要付出很多努力。在如今的文化氛围下,我们都不怎么去思考这个问题了,挺悲哀的。"

一年夏天,我突然对摇滚演唱会上乐队管理员的工作产生了好奇,于是来到华盛顿市中心的体育场。那是周六清晨,拂晓之前。从水泥地上向上看,那些被称为"装配工"的工作人员已经开始在很高的地方挂起了灯和其他仪器,为晚上詹妮弗·洛佩兹(Jennifer Lopez)[1]的演唱会做准备。

我来到 30 米高的狭窄通道上,感觉周围都是深渊。我和下面的水泥地之间唯一的阻挡,是稀疏的金属栏杆。我感觉自己随时都要被吓出心脏病了。

但那些装配工腰上缠着绳子,在通道上来回走动,还不时走到狭窄的横梁上。那种轻松自在,真是看得我心惊肉跳。在这雾蒙蒙的半空中,我能明显感受到的,也就是他们的优雅了。

我站在那里紧紧抓着栏杆,内心的恐惧疯狂地翻腾。此时,一个像橄榄球运动员一样壮实的男人带着开心的表情从通道那头闲庭信步地走过来,走在宽敞的大街上,仿佛这是他生命中最幸福的一

---

[1] 美国歌手、演员、电视制作人、流行设计师与舞者。

天。他没有犹豫，丝毫没有停顿，只有快乐。他身上缠了一圈又一圈的绳子，胯部的背带让他不得不叉开双腿，走起路来有点连滚带跳的，像个大块头的牛仔表演者，刚刚从一头公牛身上跳下来。他有着杰基·格黎森式的轻盈、走钢丝表演者的平衡感以及举重运动员的力量。他把所有这些特质都融入了一系列优雅的步伐中，扶着栏杆跳到一根横梁上。

横梁上还稀稀拉拉地站着其他装配工，就像电线杆上的小鸟。一个在小腿上文身的男人跨坐在身下那根横梁上，穿着工靴的脚随意地垂着，随意而流畅地伸出双臂，拿过升上来的滑轮上的一圈电线。他简直就是小飞侠彼得·潘，又是空中的体操运动员，而且下面还没有安全网。

这些男人（其中还有个扎马尾辫的很安静很专心的女人）不仅仅靠的是力量，他们的举手投足，很流畅，很灵活，脚下功夫十分细致，这在高风险的工作中是必需的。我在上面的时候，没法往下看哪怕一眼，但他们却不得不这样做。因为高空装配工需要和地面的装配工配合，才能把机器、电线等设备挂上去。我的目光一直集中在那些高空装配工身上，他们像杂技演员一样，心态镇定而优雅，你想想，在普通人眼里，他们的工作是多么危险啊。他们时时刻刻都在紧密地合作，配合得天衣无缝，而且个个都很平静。

他们甚至还展现了体贴的热情。"这可是这城里最棒的办公室了，你不会离开的吧？"我在通道上抓着栏杆朝电梯走去的时候，一个怀里抱着一堆绳子的男人朝我喊道。他直视着我的眼睛,露出令人安慰的笑容,脚步轻快地从我面前走过,进入稀薄的空气和香烟的云雾中,又转过头来看我一眼,热情地咧嘴一笑(也许还对我这个新手有种理解与怜惜混杂的感觉)。

这些穿着运动短裤的超级英雄,让我同时感受到危险与平和。他们树立了快乐的榜样,我的恐惧也被渐渐抚平,产生了一种奇妙的感觉,而且因为风险高,更让人产生一种刺激的愉悦。

第七章
艺术彰显优雅气质

> 优雅,就是在自由的影响下产生的形态美。
>
> ——弗里德里希·席勒(Friedrich Schiller)

  暴雨中的秋日,我驱车前往巴尔的摩沃尔特斯艺术博物馆的旅程中,狼狈不堪,沉闷烦躁。

  一路上的街道全都雨雾蒙蒙,本是清晨,却暗得像黄昏。停好车冲进博物馆,刺骨的寒冷已经让我瑟瑟发抖。

  然而,等我来到博物馆的二楼,感觉就像进入5月,温暖与阳光无处不在。这是一个希腊艺术的展厅。你看,那是森林之神萨梯在倒酒。不过保存得不算完整。

  这座雕像被及膝截断,双臂也不见了,但他脸上愉快的表情,微微弯曲的腰身,男孩般的臀部有种抖动的轻松活泼,这一切就是优雅的样子。这座大理石雕像是古罗马艺术家对伟大的希腊雕刻家普拉克西特利斯作品的复制。普拉克西特利斯生活在公元前4世纪，是将优雅从冰冷的石头中解放出来的第一人。

他的作品传世不多，大多数经典的铜雕很久以前就熔化掉了。虽然普拉克西特利斯也有大理石雕刻作品，但穿越千年流传至今的原作也所剩无几。然而，这个古希腊人是如此备受尊崇，一代又一代的雕塑家不厌其烦地精心复制着他的作品，就算那些我们完全不得见的，也能从鲜活热烈的文字描述中感受一二。

原因显而易见。他的艺术作品，不管是原作的碎片还是复制品，都展现了对感觉世界的热情信仰。雕塑对象柔软的轮廓与特性都不止步于身体，而是植根于情感。这使普拉克西特利斯成为前无古人的伟大雕塑家。

在他之前的几个世纪，古希腊雕塑家已经将裸体雕像作为一种艺术，但一直苦苦上下求索如何展现人体在解剖学上的最佳状态，那些错综复杂的关节、长度和并不完美的几何结构真是令人苦恼。而情感的表达远远不是他们考虑的重点。随着体态越来越完善，雕像才悄悄开始有了动作。从作品"克里提奥斯的男孩"中就可见一斑，这尊里程碑式的5世纪裸体雕像，是我们所知展现一侧臀部抬起体态的最古老雕塑，也是传达对性感的冷淡的重要作品（想想米开朗基罗那令人血脉偾张的"大卫"）。"克里提奥斯的男孩"样子挺好看的，自带神一般的庄严，有种养尊处优的骄矜。但他缺乏温度，他的目光越过旁观者，就像那些不想搭理粉丝的电影明星。普拉克西特利斯之前的裸体人像就是如此：英雄主义、完美无缺、冷淡超然。

普拉克西特利斯改变了这一切。他的石像不仅富有动态，而且这种动态也会让观者立刻感受到愉悦。他的雕塑是那么美好，那么亲切。普拉克西特利斯超越前辈之处，不仅仅是让人体更为放松，还把内在的生命力也释放出来，深深吸引了观者，这也是他天才的本质。他的艺术将美和敏感的心灵结合在一起。所以他的作品才会让我们立刻产生亲近和熟悉的感觉。这些雕像臀部轻轻一点，迷人无比；下巴微微一低，尽显谦逊；双唇自带笑容，自然而诱人，跨越了两千年艺术的鸿沟。它们，都很优雅。他的作品展现了我们更柔软的一面，感官的享受，脆弱的内心，情感的真谛，都通过人体表达和展现。

而且，作为大师的普拉克西特利斯毫不势利。他崛起于古典时代的高峰期，当时雕塑界流行的是高贵的天神雕像。普拉克西特利斯却关注更底层的人物。我刚才提到的那个山羊耳朵的十几岁少年，完全不是一尊神。他是自然之子，是狄俄尼索斯的追随者，是狂欢宴饮上帮工的乡村男孩。

为了把自己的雕刻对象更明显地与当时的潮流区分开来，普拉克西特利斯没有给自己的萨梯赋予雅典运动员与奥运选手般健美雄壮的身材。他拥有未发育完全的柔软身体，还是个男孩子。这也是他的部分魅力所在：平凡中的不平凡。你看他甜美的姿势，体态之中如同有漂游的韵律，帮你斟酒时，和他聊两句，应该是极其美妙的事（他本来应该拿着一个酒罐，但从他高高举起的右肩和他鼓励地俯视着想象中饮酒人的眼神，你完全可以想象他让酒宴多么酣畅淋漓）。

还有他的微笑，显然流露出十分享受这种为他人服务的感觉。也许他会跟客人调调情，也许他自己也会拿个酒杯，到处去碰碰杯，就像加里·格兰特，确保你过得愉快。

普拉克西特利斯最著名的一尊雕塑，也是所有古董艺术品中最负盛名的，是《尼多斯的阿芙洛狄忒》。沃尔特斯博物馆里收藏了几尊古代的复制品。原作诞生于公元前350年前后，当时引起了轰动，甚至民间还流传着一个故事，说美神阿芙洛狄忒自己都惊讶地回应说："普拉克西特利斯什么时候看过我裸体的样子？"因为，这尊雕塑对这位尊贵的爱与美之神进行了细致的刻画，她的体态是那么放松，全身的重量只压在一条腿上，我们仿佛看到她刚刚出浴的样子，感觉那么温暖，那么焕然一新。她的姿态很迷人，既端庄娴静，又充满诱惑。从那以后，舞娘们就一直在学习这种气质。

这位阿芙洛狄忒身材微丰，曲线优美，柔若无骨。最为忠实于原作的复刻完整版收藏于梵蒂冈和慕尼黑。就连她往下看的眼神也是十分梦幻的，充满了隐秘的幽思。普拉克西特利斯在他的阿芙洛狄忒身上把希腊式的美德与荣誉尽数信手拈来，这位女神既一丝不挂，又感觉罩着一层神秘的面纱。我们可以看到她敏感多情的心让整个身体都跃动起来。这就是这尊雕塑如此优雅的关键。

和萨梯一样,这个阿芙洛狄忒也传递了一种温柔的感觉。就算她的眼神中带着点神秘,也是非常人性化的。罗马人很喜欢把复制的希腊雕塑放在自己的院子里,风吹日晒,觉得这样很时髦。也许正因为如此,沃尔特斯馆藏的雕塑才凹凹凸凸,千疮百孔。但雕塑引起的感官愉悦是完全到位的。也许就连罗马时期的复制者也有真切的愉悦感受。据说,普拉克西特利斯的模特是一位著名的妓女,芳名"芙里妮"。雕塑家是她的众多爱人之一。

普拉克西特利斯从冰冷的大理石中挖掘出了温暖与动态,是什么给予他灵感的呢?欲望,爱情,还是地中海热情的阳光?

他的作品具有突破性的意义,但其源泉仍然深深植根于希腊艺术对于人体的关注和执着。希腊人通过对人体的刻画,努力去实现哪怕最不可感知的东西。他们把一切都用女神的形象具象化了,包括优雅。

希腊神话中的美惠三女神,也就是罗马神话中统称的"卡里忒斯"(Gratiae),是"优雅"(Grace)一词的来源。在荷马的史诗《伊利亚特》(*Iliad*)中,其中一位女神嫁给了火神和铁匠的守护神赫菲斯托斯,也被称之为"艺术之神"。这是优雅最早与伟大的艺术作品产生的联系。

与荷马差不多同时期的希腊诗人赫西俄德(Hesiod)曾经描述

说,"三位面容姣好的女神",眼中散发着"让人全身放松的爱"。

"美惠三女神"通常的形象都是裸体,温柔地触摸彼此,那么甜美,那么宁静,仿佛三朵完全绽放的青春与活力之花。她们的体态传递了人与人之间紧密联系产生的鼓励和安慰。在历史和岁月的长河中,这动人的杰作仍然光彩如初,其中有种迷人的、可爱的、有着深远意义的东西,是永远不会褪色的。

展现美惠三女神最著名的作品之一,出自文艺复兴早期意大利画家波提切利(Botticelli)之手。画作名为《春》,绘于15世纪末,画中所展现的体态的优雅显而易见:这些女人在翩翩起舞,牵着彼此的手,如同女孩子们在唱着"围着玫瑰转啊转"。有着流畅线条的纱裙下美好的胴体若隐若现,更突出她们旋转的舞步。这些女人既是天使,又是文艺复兴时期惊世骇俗的人间佳丽;既象征着优雅那提升灵魂与精神的本质,又展现了优雅带给感官的无限愉悦。几年后,拉斐尔笔下的三位女神手拿果实,身形丰满,饱含着甜蜜的气息,又展现了一种自然亲切的优雅。两幅作品中的三位女神都有着优美柔软的曲线和婀娜摇曳的身形,灵感都是来自普拉克西特利斯的阿芙洛狄忒(而她的神韵又来自他的情人)。创作这些作品的几位艺术家都表达了一个很明确的观点:优雅,就是要对自己的方式感到轻松自在。法国人所谓"舒适的自我",就深得其精髓:轻松自在,温暖迷人,敏锐善感。

西方世界最伟大的艺术家十分青睐"美惠三女神",虽然她们在原来的神话中只是微不足道的女神而已。很多传说中都说她们是无敌的爱与美女神阿芙洛狄忒的女儿,但她们却需要去服务其他天神。不过,她们的活计也比较轻松:通过快乐、美丽与丰饶,增强生命的愉悦。就像普拉克西特利斯刻刀下倒酒的萨梯,美惠三女神也在社交聚会的场合起到润滑和鼓励的作用。音乐里,花音就如同香水,是对旋律的轻巧装饰;美惠三女神也是如此,无论在什么娱乐场合,她们都是令人愉悦的点缀。我觉得这个说法非常美:当我们浑然忘我,致力于将愉悦带给别人时,优雅就会翩然而至。

第三部
人人皆可优雅

第八章
运动也可以很优雅

相信洋基队吧,好孩子。别忘了那伟大的迪马吉奥。

——欧内斯特·海明威《老人与海》

2012年7月8日,英国温布尔登。

伦敦中央球场上空阴云笼罩,正在进行男网决赛。罗杰·费德勒(Roger Federer)正轻松敏捷地痛击安迪·穆雷(Andy Murray)。

瑞士网球运动员在客场如此占上风,整个不列颠都痛苦不已。苏格兰网球运动员穆雷——全英俱乐部的宠儿,整个英国都为他疯狂。此时此刻,温布尔登锦标赛决赛进入白热化阶段。这个球赛堪称体坛最讲风度的比赛。打球的男男女女,都被尊称为"先生"和"女士"。这场比赛的正式名称就是"先生们的决赛"(Gentlemen's Final)。英国人是多么希望七十六年来都不属于本国的冠军奖杯回归啊，场上座无虚席，皇家成员与流行巨星纷纷到场，比如剑桥公爵夫人和滚石乐队的吉他手荣·伍德（Ron Wood）。

然而，就算失望，观众们也为球场上上演的精彩表现所折服：费德勒打得如行云流水，稳定连贯。他斜着身子迅速跑到网边，挥拍得分；他滑冰一样往后跑去，来个流畅的正手拍；他身轻如燕地左右跑动跳跃，仿佛是在月球上毫无压力地行走。地心引力对他作用不大，自然规律对他好像也格外恩宠。

解读一下，这场运动场上的胜利不一般，不是通常那种什么血泪交织、拼尽全力而取得的胜利。体育赛事撰稿人没有把他的胜利归结于雄性力量、咄咄逼人的态度或钢铁般的意志。他们用的形容词都很少用在别人身上，他们说，费德勒的胜利，是"富有艺术美感"的，"越到后面越不可思议"，"令人难以置信的完美展现"。大西洋两岸报刊的运动版上，一个词反复出现，正如同它贯穿了费德勒的运动事业：优雅。

关于费德勒在网坛历史上能排名第几，占什么地位，争议之声一直未能平息，然而有一点是完全肯定的：他的体态、动作和每场比赛的感觉，其优雅是无人可以与之比肩的。

他在球场的空间中所造就的形态，有机而圆满。你看他身体微弓，足尖点地，轻松一跃；你看他向前扑去，如大海浪涛顿起；你看他的正手拍，像鹏鸟之翼横扫而来。他动起来的时候，几乎像一首抒情诗，行云流水般的连续动作，富有韵律。他的重心都在脚上，跑起来的时候脚下生风,不管场上局势如何千变万化,他始终镇定自若,步伐稳健。两腿分开,稳如泰山,站定!他这引人注目的动作干净利落。在我们目光移开之前,他的位置已经一目了然,就像技巧高超的领舞人。然而他也从不呆板,似乎创意无极限。停下接球时多么干净利落,步子移动起来好似凌波微步,那种运动带来的冲动与热情没有一刻停歇。以迅雷不及掩耳之势从一个动作切换到另一个动作,就连微微的停顿也形成了整体的韵律,就像钢琴急速和弦时一个明亮的次强音。他把举手投足都连贯起来,这个动作到下个动作天衣无缝,动力十足而又充满美学意味,不是那种随意突兀的行动。

他的足踝是利用仿生学原理人造的吗?里面似乎安装了油门。不管费德勒给它们施加多少压力也能够瞬间加速。也许费德勒根本就没有施加什么压力。他的行动从不一惊一乍,一直非常稳定,是收放自如的弹跳。他很微妙地控制和减缓着自己的爆发力,当他舞蹈一般流畅的步伐再次出现,平衡也随之回归他的身体。

"真是秀色可餐。"一位电视评论员惊叹道。此时,费德勒控制力量,准确地来个半速击打,将小球送到空中,恰到好处地落在网那边。

费德勒的打球风格常常被比作瑞士高精度的制表业。但他的风格可一点也不机械。他永远生气勃勃,变幻莫测。看他打比赛,就像在演奏巴洛克时代音乐天才多梅尼科·斯卡拉蒂(Domenico

Scarlatti）的几百首键盘奏鸣曲之一：如同涟漪一般一圈圈荡漾开来，令人无比欢欣，偶尔来个富有民间舞蹈风格的活泼的变调。费德勒看重打球的韵律，轻快流畅，可谓翩若惊鸿，矫若游龙。

相形之下，拉斐尔·纳达尔（Rafael Nadal）和诺瓦克·德约科维奇（Novak Djokovic）这两位堪称全世界顶尖的网球运动员，尽管也拥有非凡的资质，却难当"优雅"的称号。纳达尔，盛气凌人的西班牙人，身上有种严肃的土地气息。他没有费德勒那种空气般的灵动。当他往球网跑去时，身体是笨重的，像个橄榄球运动员。面对对手，他张牙舞爪，似乎马上就要挥拳出击，像在咆哮，在释放体内全部的侵略性，丝毫没有自我控制的优雅。德约科维奇的表现大概要稳定一些。但他缺乏费德勒柔软流畅的完整性。他的动作与动作之间没有完美无瑕的衔接。正手击打的力量让他的手臂往身前一甩，像根绳子；球拍弹回时，他的身体也猛地跳起来。这个瘦长结实的塞尔维亚人往球场一侧冲刺接球，脚步却拖泥带水，常常有些跟跄、磕绊，像歌舞杂耍时失去平衡的小丑。

让我选，当然举手投足都要像费德勒。不管是打苍蝇，还是想起留了把勺子在搅拌机里飞奔去关开关时，我都希望自己像费德勒一样。即使脚步以最快的速度移动，头脑依然清晰敏感，动作依然从容流畅。我当然没有养成这样良好的习惯，但看着费德勒打球的样子，我相信有这样的特质存在，有这种可能性。他让我对整个人类都更有信心。

体育竞技，就是一场庆祝仪式，欢庆人类的身体达到最好的状态。如果说优雅是身体最令人愉悦、最美妙的状态，那么，我们就应该在体育竞技场上发现这种品质无处不在。运动健儿比其他人更有可能达到优雅的境界，因为他们的身体总在高强度运动，很多动作都是不断重复，习惯成自然。一副好的躯体再加上不断地练习，是身体优雅形成的基础。但运动员也算是身处一个没有硝烟的战场，而战斗可不总是优雅的。比如，总是轻易把对手打得落花流水的名将塞雷娜·威廉姆斯（Serena Williams）[1]在网球场上就并不优雅（因为一味追求肌肉力量，现在已经没有顶尖的网球女将称得上优雅了）。还有很多运动员，你听到的只有喘粗气的声音，看到的只是艰苦与费力，还有苦苦挣扎。然而，真正优雅的运动员，真正看起来几乎无敌的运动员，关键就在于那种不费吹灰之力的轻巧。挣扎与努力也许同样会感染我们，但没有挣扎与努力，则会让我们敬畏：他到底是如何让这一切看上去那么轻而易举的？

这就是优雅运动健将的艺术。他本身就是一件活生生的艺术作品，行走的美妙诗歌。很多运动员艰苦卓绝，把自己锻炼成肌肉发达的巨人。然而，优雅的运动员则按照艺术的原则和标准来打磨自己。他在场上比赛时，观者感知到的是令人愉悦的恰到好处、平衡自然，还有一种一举一动都尽在掌握的从容感觉，还有活力四射、激动人

---

[1] 即通常所说的"小威廉姆斯"。

心的韵律。他的进攻防守，都赋予我们一种和谐与统一，形成一幅完美的画面。

在我看来，最优雅的运动员能够唤起人们的超然游离。他们身姿美妙，足下生风，走若弹跳，跑若漂浮，好像有一对无形的翅膀，将稀松平常与卓越非凡完美地融为一体。优雅的运动员和我们一样呼吸着平常的空气，却能借着这空气起飞；拥有和我们一样的身体构造，却能将这构造塑造成神一般的存在。我们观看他们比赛，为的就是感受这无法言喻的美丽，甚至希望他们能带着我们向上飞升，感受更高的境界。

不管是说"男子、女子比赛"，还是"先生、女士的比赛"，我们都希望从他们身上感受到更完美的自己。我们把自我和他们的比赛联系在一起，在兴奋、焦急以及其他莫可名状却又无比强烈的情绪中浑然忘我。快看啊，拦截与击球；短跑选手大腿的肌肉在震荡，支撑他前进的，却是更伟大的心灵。

古希腊人参加体育比赛时都勇猛凶悍，他们认为竞技场上获得的胜利，是最高级别的胜利。时至今日，初心不改。田径场上、球场上的英雄们，能让我们的心灵从平凡累人的琐事中解脱出来。日常生活可能也像个锣鼓喧天的体育场，局势也一样变幻莫测，一样危机重重，一样有人对你充满敌意（要跟某人叫个板，让他知道我也不是好惹的……要让那个谁知道，我的事情她管不着……）。风险与不确定因素无处不在，不管我们是压力巨大还是斗志满满，当试图去克服生活的困难时,都是疾如旋风、汹涌澎湃的。运动场则像一个规则明确的平行宇宙,就像我们不断竞争奔忙的生活,变成更可衡量,更可理解的形式。

就在这竞技场上,优雅的运动健将轻松领先,就算暂时屈居下风,也赢得我们欣赏崇敬的目光。他们就是行走的奇迹啊!那些让人手忙脚乱的事情,到他们这里就变得云淡风轻,不管是心理还是生理。甚至连万有引力,也似乎影响不了他们。他们身轻如燕,自在行走,赏心悦目。比如体操运动员奥尔加·科尔布特(Olga Korbut)、娜迪亚·科马内奇(Nadia Comaneci)和橄榄球场上的林恩·斯万(Lynn Swann),他们用美丽优雅的身姿,提升了整场比赛的境界,让观众们立刻进入了人性的神圣维度,有了更深层次的感受。

米开朗基罗在梵蒂冈西斯廷教堂的天花板上画了20名裸男,他们都是运动员,陪伴在上帝左右。这些运动员个个体态优美。虽然肌肉发达强壮,却十分平衡自然,他们的肉身就是一项奇迹,在精神与灵魂的国度,仍然轻巧自得。

他们为什么会出现在教堂的画上?这些裸男并非圣经中的人物。也许,他们都是天使,但没人理解其中深意。但有一点很清楚,在米开朗基罗这位大师的眼中,优雅的躯体恰与上帝相伴。他知道,这个世界上最让人灵感与愉悦迸发的,就是美丽的运动员。

轻松与费力

运动健儿的表现中,有没有哪项特质能够被直接定义为优雅呢?其实竞技场和其他所有场合一样,判断优雅与否,关键就看是不是轻松。但不同的运动,轻松的形式与程度有所不同。

我看比赛时,寻找的是驱动身体的那股看不见的力量,轻盈无重,流畅光滑,如流水,如青烟。只要看一看2014年世界杯上德国队对阵阿根廷决赛时,马里奥·格策(Mario Götze)一脚巧射为德国队捧得"大力神杯",就会明白了。一位队友给他来了个凌空传球,格策似乎是从天而降,用胸膛顶了一下足球,接着旋转有力的腿,将球踢过对方守门员身边,脚步轻快,一气呵成。多么细腻精巧的协调动作啊:跳跃,胸部停球,旋转,射门。难道地球的重力开小差了吗?足球以近乎完美的姿态悬挂在空中,而格策仿佛让时间放慢,自己旋转着、伸缩着,如同一只跃出水面的鳟鱼。

"他施展了三个魔法。"一位电视评论员毫不吝惜赞美之情,这三个魔法就是他一气呵成的跳跃、胸部停球和临门一射。

克服重力的影响并非通往优雅的唯一途径。当然还可以克服摩擦力,达到一种冷静自若、平顺光滑的境界。法国自行车运动员里夏尔·维朗克（Richard Virenque）最精于此道。自行车运动本已经富含艺术性，而他更是其中引人注目的佼佼者。人和这精巧而简洁的机械融为一体，不可分割；纤细的身体与光滑有序的工程杰作浑然天成，阴阳调和，动静合宜。自行车和骑手的结合，象征着行进中的敏捷与灵活。

自行车双轮之上这种精妙和灵巧，无人能出维朗克之右。这位桀骜霸气的骑手善于登山，常常在偏僻之处长时间独自骑行，并以此闻名。他的流畅无人能及，就连在拼尽全力时也显得轻松自在。一次骑车翻越阿尔卑斯山，路程艰险，腿部肌肉的剧烈运动推挤着他背部的支点。而他沿着山路滑行而上，如同风中的船帆，一切优雅如常，不费一丝一毫的力气。他业余爱好是滑翔、滑雪，所以也深谙重量迁移的微妙之道，骑着自行车从山上下坡时需要敏捷高效。2004年环法自行车赛上，我多次注视他从身边倏忽而过，每到这个时刻周围仿佛都自动响起优美和谐的音乐。

维朗克还在其他地方展示了自己的优雅。那次自行车赛中的一天，他不惜落后，热心帮助正痛苦不堪的托马斯·沃克勒。他也是法国同胞，只是在不同的队伍，穿的是代表优先的黄色领骑衫[1]。经验丰富的维朗克在前面骑，为沃克勒降低了风带来的空气阻力。在

---

[1] 环法自行车赛中，各赛段的冠军，会获得一件黄色领骑衫。多日公路自行车比赛时，总成绩领先的人，也是始终穿着黄色领骑衫。

前辈的帮助下，这位年轻些的骑手赶上了大部队，而且成功保住了又一日的领先地位。也许维朗克早就察觉到，长达三个星期的比赛中，沃克勒最终不可能领先。然而他的所作所为，依然不失为一项义举。那天，一位环法赛的评论员赞扬维朗克是个"大善人"。

环法自行车赛不符合崇尚视觉体验的美国胃口，也没有什么魁梧高大、肌肉与荷尔蒙碰撞的味道。然而，对于法国人来说，这就是普通人的"超级碗"。沿路看这些骑手风驰电掣而过，完全不需要买票，只需要在赛道边上占个位置即可。一般来说，除了在起点和终点，你完全可以尽量靠近那些飞驰的骑手，只要你良心过得去，神经守得住。环法赛的主要安保措施，就是相信人性的正派与体面。

而在这种自由之下，法国人也报以非凡的自律，很少出现干扰骑手的情况。各家各户会翘首以待一整天，就为了一睹模糊的大部队。但不会有人群吵吵嚷嚷地尾随，甚至在最狭窄最不好走的山路上，聚在一起的人们也相当随和礼貌。人们会在山间峡谷支起桌子，摆出食物和美酒，仿佛是在露台上用餐。他们在房车里搭好草坪躺椅乘凉，或者躲在沙滩伞下，从汽车广播里听着关于比赛的报道。有时则看书读报。

而参赛骑手们也惊人地随和。每天的比赛开始前，他们会给粉丝签名，和他们聊天。在竞技体育中，这种谦和与温情，实在是难能可贵。

优雅无关杰出卓越或盛气凌人，最普通的接触也能将其展现。

迪马吉奥的难题

很多运动员有着非凡的生理天赋,但性格却粗糙不堪。或者说,他们在场上竞技时比在场下生活时,要自在很多。

优雅的肢体,也可能充满笨拙的矛盾。名气会将这种瑕疵放大。英雄可以是优雅的吗?或者说优雅需要一定的柔软与脆弱,而英雄会不会允许自己身上存在这两种特质?这就是乔·迪马吉奥(Joe DiMaggio)[1]的窘境。

这位传奇的洋基队中场手在棒球场上的一举一动着实优雅,引人注目。他英俊帅气,轻盈强健,外貌体态实在无可挑剔。和加里·格兰特一样,迪马吉奥的穿衣品位也相当优雅得体,头发总是整整齐齐,没有一丝乱发。走起路来,外表更显帅气,运动员气质更加惊为天人;他大步流星,潇洒得如同飘移。

"他就像在空气中走路,"他的一个传记作者莫里·埃伦(Maury Allen)评价说,"他的脚步是滑过体育场的,是滑过餐厅的。"

迪马吉奥在场上击球时,挥棒的动作实在"只应天上有":他的

---

[1] 美国著名棒球运动员,美国棒球史上的传奇人物。1936—1951年效力于纽约洋基队。

能量同时朝两个方向扩散。双腿向前,上身后倾,一切都在流畅的轨道上运行,促使木棒与皮球的碰撞和爆发。身体如开瓶器那样螺旋旋转之后,他会像丝绸一样舒展开来,水流一般来到一垒,整个过程没有犹豫,没有笨拙的卡顿。在大幅度旋转之后,他将自己无缝衔接到流线型的动作当中。

在外场,也是这种不费吹灰之力的流畅地飞跑让他迅速应对猛烈的进攻与飞来的球,他镇守着广阔的球场疆土,飞跑着接住就要飞过头顶的球。出生于英国的小说家和棒球迷维尔福雷德·希德(Wilfred Sheed)写道:"即使在睡梦中,我也能看到他在飞旋的球后面流畅地奔跑,仿佛是在月球表面滑行。"

他的举手投足看上去都那么轻而易举,就连眼光挑剔的竞争者也挑不出毛病。"迪马吉奥就算在三振出局时也那么风度翩翩。"他的劲敌、波士顿红袜队的优秀击球手泰德·威廉姆斯(Ted Williams)如是说。威廉姆斯衣着潦草,粗暴喧闹,一看就是个普通人,和"洋基快船"迪马吉奥的完美相形见绌。

迪马吉奥体态上的优雅是如此淋漓尽致,于是大家对他的感情丝毫不局限于支持某个队伍的热情或球场上的激动。人们对他像英雄一样崇拜。当然,优雅的他,在战绩上也毫不逊色。他帮洋基队取得十面美国职棒大联盟冠军的三角旗,以及九次世界职业棒球大赛的冠军。而1941年,他连续在56场比赛中打出安打,让全国上下津津乐道。然而,最让人们为之倾倒的,还是那种纯粹的奇迹,来自他那看上去似乎不可思议的优雅。

公众对迪马吉奥球场表现的看法，也延伸到了生活中，甚至有点太过宽泛。迪马吉奥尊重这种状况，也许有些不堪其扰，他以一种冷淡的缄默作为回应。私下里，他羞涩腼腆，厌恶抛头露面，总是以官方的态度，让自己与公众保持一定的距离。

不久前，我父亲和他在大西洋城一个酒店大堂巧遇。20世纪30年代和40年代，我父亲就在纽约成长，经常和弟弟一起看迪马吉奥在洋基体育场打球。有一次，兄弟俩目睹他一天连赛两场，两场都打出三垒打。三垒打哦！多年后，这位球场英雄本尊突然出现在眼前，就在自己身边，近得可以搭讪攀谈。我父亲走近他，打了招呼，迪马吉奥也回了礼，目光转向别处，就这样结束了。

"我一直都想和他聊聊，但我自己也很害羞。"父亲告诉我，"那是他啊，乔·迪马吉奥啊。"

这位棒球手的第一任妻子说，他可以整个星期不和她说一句话。而他的第二任妻子玛丽莲·梦露也谈过他阴郁不定的情绪，常常让她别烦他，让他一个人待着。两人的婚姻只持续了九个月。后来，这位绝世名伶自杀以后，迪马吉奥表示哀悼的方式似乎也在痛悔自己对她的冷漠：他一手操办她的葬礼，决定谁能出席，谁不能出席。接下来的二十年，他不间断地往她的墓穴送玫瑰花。这个人内心的伤口，恐怕比一个棒球的内部还要多。他香烟不离手，深受溃疡困扰。打起棒球，他游刃有余；沉浸在自己的心绪中时，他却难得片刻安宁，总幻想有无数的威胁与敌人在虎视眈眈。他总是在自我保护，精神紧张地守护着英雄的名号和形象。重大场合中他的出场、他出现的时间和地点，都要经过精心的安排。

迪马吉奥可谓深陷窘境。他优雅的体态吸引人们接近；但因此而得到的注意力却又将这种优雅榨干取尽。

他也许是冠军，是偶像，是球神，但他也有自己的痛苦挣扎：对于乔·迪马吉奥来说，世间最难的事情，莫过于做个真正的"人"。

舒展与紧绷

1933年，法国哲学家雷蒙德·拜尔（Raymond Bayer）在关于优雅的作品《优雅的美学》（*L'esthétique de la grâce*）中提出一个很好的观点：如果想想我们自己这个有机体内部的动作，比如动脉的伸展与回缩，心脏在收缩与释放之间微妙的跳动，呼吸的起伏……所有这些，在功能最佳之时，都是灵活舒展，而非突如其来的。

拜尔接着写道，于是我们就觉得，流畅和富有弹性的动作非常自然，也充满吸引力，甚至能决定你的生死。这就是优雅。

然而，这个观点也不能帮助我们更好地理解那些优雅的运动员。他们身体的弹力与灵活性显得那么信手拈来，调整得那么逍遥自在。那种由内而外散发的运动员气质常令我冥思苦想：他们把力量藏在何处?

篮球赛场上,惊人的力量能够震慑对手,调动球迷,勒布朗·詹姆斯(LeBron James)便是其中翘楚。但要说赏心悦目,还要数朱利叶斯·欧文(Julius Erving)轻快如乘风的一举一动。球场上,欧文飘动而过,如同打水漂的小石子。他如鹏鸟蹁跹到篮网,在空中流畅地旋转,动作微妙灵巧,从手臂到指尖一气呵成,让他所做的一切都升级成了一种艺术。他没有用蛮力乱七八糟地横冲直撞到篮球架下,而仿佛是乘着无形的浪,不可阻挡地升腾而起。怎么做到的呢?脚踝的弹跳,精妙的协调,控制自身的重量,谁能说得清楚呢?他让一切看起来都那么轻而易举。在一群魁梧高大的巨人之中,他显得那么柔软轻快。他的灌篮,有着如芭蕾舞一般的优雅气质。

欧文活跃于20世纪70年代和80年代的篮坛,至今他那灵活的优雅还后无来者。而今,体育赛场上皆以力量为尊,但也有一些年轻运动员因为优雅而引起关注。篮坛新星斯蒂芬·科里(Stephen Curry)就因为毫不费力的跳跃被实至名归地称为"全联盟最厉害的跳投手"。

20世纪80年代英格兰板球队队长大卫·高尔(David Gower)也有着和他类似的轻快灵活的优雅气质。板球本身就已经是十分雅致的运动了,运动员们穿得都像杰伊·盖茨比出门散步,比赛起来也是悠闲从容,持续数日,还会暂停去吃饭喝茶,看上去真是体面极了。而就在这么文明礼仪的比赛中,高尔仍然脱颖而出,其自然而然的高贵十分引人注目。卷曲的金发和深邃的双眼让他如同拜伦诗作中走出来的人物。运动起来身体的摇摆更凸显了他倜傥的外表,就算身上还有沉重的钢制护具,他那丝绸一般流畅顺滑的轻松没有一丝一毫的沉重。高尔绝不会重重地击球,而是轻轻一打,舀起球,不费吹灰之力地将球扫到空中,腾跃而起。

高尔在球板上恰到好处地调控了平衡、肌肉和时间,这正是力量型的击球手做不到的。正如重心适宜的舞者能够轻松地用足尖旋转飘浮,而不是用尽全力去钻磨地面,转得筋疲力尽。

20世纪70年代和80年代的澳大利亚网坛名将伊文·古拉贡(Evonne Goolagong)曾在温布尔登球场拿下三次冠军(两次单打,一次双打)。她在球场时,也是如同穿着网球裙的飞盘一般滑行而过。她身轻如燕,足尖点地,跳跃而起,似乎凸显了她毫无压力的轻松心态。那柔软如柳枝一般的身体,一点也不输给那些身体紧绷、来势汹汹的对手。

若是如今,她可能早被生吞活剥了。

轻盈与沉重

运动员的优雅中,动作的结束至关重要,正如其对舞者的意义。我们的目光追随一个动作的弧度,希望这优美永无止境,腾跃而起,带我们一起飞翔。我们总会被连贯流畅的动作深深吸引，注意到头顶飞过的鸟儿，步态悠闲的骏马，动物园中树枝之间扫过的长臂猿，最后这个尤其能引起我们的注目。毕竟，我们曾经也在这树枝间摇来荡去。在最原始的潜意识中，流畅平滑的动作让人感觉上佳。

效率也是优雅的一部分。动作不要有丝毫拖泥带水，丝毫过犹不及，不要繁复，也别带修饰。费德勒就很少追着球跑却最终错失，或是半路放弃的。起跑之前，他就会思考估量，看能不能打到，要是不能，他不会白费力气。不过，效率本身是不会产生优雅的。约翰·麦肯罗（John McEnroe）[1]发球的效率就相当高，但没能和流畅结合起来。他的动作迅速，但又突兀。他的跳跃像爆米花，总是突然得让人吃惊。他缺乏很好的收尾。如果说要省力，那倒不如像麦肯罗一样，跳跃与移动之间保持身体的静止，这样比较"经济适用"，别学费德勒那种流畅连贯的一气呵成。

优雅的运动员们让我们的向往成真，就算不是各方面都达到完美，至少在外表上已经趋于顶峰。最单纯的运动上的优越，我们就是达不到，只有凤毛麟角的人能万幸拥有。你需要先天基因，也需要后天苦练。然而优雅呢？看上去似乎更可达到，就算是观众也不例外。部分出于这个原因，优雅吸引着我们。阿瑟·阿什（Arthur Ashe）在网球场上精妙的风度举止让他更显可亲，比起脾气暴躁的

1　美国著名网球运动员，以坏脾气闻名全球。

吉米·康纳斯（Jimmy Connors）更易成为我们的榜样。优雅的技巧似乎是可以从运动场上转移到日常生活中的，就算实在不能成真，也能在想象中实现。我如果觉得自己能像勒布朗·詹姆斯那样灌篮，那肯定是疯了，但我至少可以想象自己可能会拥有费德勒一样的敏捷灵活，拥有良好的平衡感；能像体操运动员奥尔加·科尔布特那样，用发自内心的欢欣问候别人，在压力之下像足球场上的马里奥·格策或者棒球场上的山迪·柯法斯（Sandy Koufax）那样镇定应对。

柯法斯是20世纪60年代的王牌左撇子投手，曾在布鲁克林道奇队和洛杉矶道奇队效力。他打球的风格干脆利落，非常优雅。他在球场上推进的样子，如同在空中抛出弧度的钓鱼线。但他的流畅中又不乏摧枯拉朽的速度。就连米奇·曼托（Mickey Mantle）[1]都曾招架不住柯法斯著名的弧线球，那球难以捉摸，如同一个肥皂泡。柯法斯本人也很神秘，自我的约束和克制令人惊异。1965年世界职业棒球大赛开赛日，他斩钉截铁地拒绝投球，因为那天是赎罪日，犹太教最神圣的节日，而他是犹太人。也是带着这种安静的自我克制，那日之后他重回球场，赢得冠军。一年后，他突然在三十盛年退役，透露说那些优美有力的投球，代价就是手肘几乎要被关节炎折磨致残。他只是想身体健康地度过余生，也从不贪恋名利，所以优雅地

---

[1] 20世纪60年代美国洋基队传奇棒球手。

从棒球场谢幕，正如他曾用自己的优雅把控这个球场。

优雅真能让人具有竞争优势吗？还是说优雅的运动员就是要更赏心悦目？说起实际的结果，比如获胜次数、纪录创造之类的，优雅的运动员并不总是拔得头筹。费德勒可能会被更具力量和攻击性的对手打败，比如，他就曾是默里的手下败将，后者迅速、强壮，但并不特别优雅。2014 年，费德勒也是惜败德约科维奇，失去八次蝉联温布尔登冠军、创造纪录的机会。

但观赏费德勒的步法，就是要比看其他所有网球运动员更令人身心愉悦。他的一举一动有独特的气质，就算落在以观赏美为职业的专家眼里，也是颇为显眼的。彼得·马丁斯（Peter Martins），丹麦出生的纽约芭蕾舞团总教练，曾经也是芭蕾舞台上的明星，他告诉我，在他看来，费德勒就是把优雅做到极致的例子。

"我迷网球迷了一辈子。我可是比约·博格[1]的忠实粉丝，你就知道我迷了多久了吧。"马丁斯说，"但根本没人比得上费德勒，甚至都不能稍稍望其项背。包括我见过的所有芭蕾舞演员在内，我也想不出有谁能比得上他。他做什么都是一副不费吹灰之力的样子。看他比赛，真是令人敬畏惊叹。"

这就是优雅的优越之处。有些运动员把自己的英勇和优秀严格限制在那些可见的数据之上，比如跳跃高度、进球多少、击球得分，

---

[1] 20 世纪 70—80 年代的瑞典网球名将，有"瑞典球王"的美誉。

等等，那与优雅的战友相比，他们必然黯然失色。数据是永远可以被超过的。篮板高手查尔斯·巴克利（Charles Barkley）在 NBA 的得分纪录就曾被沙奎尔·奥尼尔（Shaquille O'Neal）超越，而科比·布莱恩特（Kobe Bryant）又超越了奥尼尔而称王。但得分还未能跻身 NBA 前二十五的朱利叶斯·欧文，其球场上的英姿，却被人们怀着一种特别的敬畏而留下了深刻印象。

只有优雅的运动员才会成为流传的神话。因为数据总是容易被遗忘的，我们记住的是涌动飘逸的优雅。这优雅在我们的记忆中挥之不去，就如同我们总会珍藏所有美显现的时刻。

柔软与坚硬

一些优雅的运动员，将自己这种身体上的轻盈比作孩子在玩耍中得到的乐趣。而通过观看欣赏，我们的愉悦也被放大了。奥尔加·科尔布特（Olga Korbut），这位 1972、1976 年连续两届蝉联奥运金牌的白俄罗斯体操健将，就是这样的存在。她的体操之中，有着大无畏的冒险精神，仿佛已经接近灾难的边缘，让你屏住呼吸，接着又轻巧地化险为夷，大大的眼袋上那双眼睛全是笑意。她用惊险的速度，带来高飞的欢愉。在这种轻松得如同飘浮的一招一式中，她的跃起弹跳全都如行云流水，在高空中自由呼吸，再触地，再弹得更高，让人感觉眼前活脱脱是个艺术家的灵魂。

科尔布特与今天的体操运动员是多么不同啊。现在这些女孩子，都像炮弹一样笨重，感觉也很僵硬，眼里冷冰冰的。她们四肢完好，动作都能完成，但基本上都面无表情，即使微笑挥手，也都是程式化的。不做动作的时候，她们看起来就像身材小巧的机器人。无论是单双杠、跳马，还是在体操垫上，她们的触碰都是"砰"的感觉，活像一袋砖头。

体操赛场上弥漫着一股"激素"般的审美。我不是说体操运动员们服食了兴奋剂，这事儿可说不准。但你看他们粗短的身形，像火箭一样带着笨拙的霸气横冲直撞，乍一看还以为是足球运动员呢。他们梦寐以求的，是力量、耐力和爆发力。玛丽·露·雷顿（Mary Lou Retton），1984年奥运会上获得女子体操全能金牌，也是第一个获此殊荣的美国人，她"体操发电站"的称号可谓当之无愧。这位健儿全身紧绷，大块肌肉凸显无余，双足紧实有力，每一个动作都像大锤一般，力量强大，节奏间断。赛场上她总是带着一副"比赛脸"，从不浪费时间去呼吸，至少看起来没有。看着她，我们自己也紧张起来，跟着她屏住呼吸。当然，看雷顿比赛也有乐趣：就是在她落地时，紧绷的感觉突然放松，露出笑容的一刹那。但那种贯穿始终的轻快感则无处寻觅。这种感觉似乎已经被永久地放逐在过去。雷顿引领了体操垫上的新时代，属于肌肉和力量的时代。优雅在她面前，实在不堪一击。

相比之下，科尔布特身上真可谓是温柔与狮子般的野性并存。时而如脱缰野马，时而如美妙诗歌。即使用今天的眼光来看，她在1972年奥运会上的那套动作依然是无法超越的奇迹。她没有去炫耀自己的力量，而是轻巧优雅如舞蹈一般，完全模糊了纯粹生硬的技术展示（高低杠时，她往高杠上的后空翻有着前无古人的难度，现在已经被禁止）。她的自由体操从一个大幅度的跳跃开始，如同海明威名著《老人与海》中那条马林鱼划破海面。她在空中盘桓片刻，一个燕式下跃，仿佛停滞，接着旋转身体，来了个空翻。她灵巧得如同一位舞者，一举一动都有所克制但又轻而易举，富于变化和动态。别的项目上她也风采不减。平衡木上的后软翻，她慢慢旋转双腿，倒立起来，双腿过头顶，颇为吸睛，令我们的目光久久停留在那双美腿上。接着她分腿倒立，找到静止的平衡点，沉溺于那一刻的安宁祥和之中，只是倒立着，轻柔地呼吸，双腿灵敏地变换动作，脊椎弯曲成灵活的弧线，一块窄小的平衡木，此时此刻已经变成她的天堂。

这是表演的技巧吗？当然啦。她表演所展现的，是她在这"危险国度"中游刃有余的轻松和她对这项事业的热爱。空气、横梁、高低杠，能让她如入无人之地，欣喜若狂。她把这种情绪融入轻快蓬勃的肢体语言和那纯粹朴实的微笑。这微笑能消除一切界限和防备。那时我们本该与苏联人为敌的，但在奥尔加·科尔布特的优雅之下，全世界都不堪一击地沦陷了。

赢得大家钟爱的不仅仅是她的微笑。在争夺全能冠军时，奥尔加的高低杠表现不佳，起跳不稳，少做了几个动作，令本来稳入囊中的金牌失之交臂。不过她还是完成了全套动作，稳稳地落地，用军人一样的忍耐力，大步走到自己的座位上。

接下来她的行为，完全不符合当时大家对苏联人的印象：她全身垮了下来，脸埋在外套里哭泣。那时我还是个孩子，在远隔千里的深夜看着电视直播。她的表现我却感同身受。还记得那一刻我的震惊：我也会这么做的！她是个孩子，犯了错，她很在意。她是个活生生的人。

那天晚上，她的表现有完美也有不完美，却时时刻刻都充满优雅。最引起我们共鸣的就是她所给予的柔软。她同时也把在场的体操迷们放在心里，在悲剧的边缘悬崖勒马，振作起来。当晚接下来的时间，她用毫无瑕疵而充满欢快的平衡木与自由体操，为那次征战奥运画上了完美的句号。

"我当时就觉得自己是个七岁的小孩，在外面的草地上跳舞而已。"多年以后，科尔布特接受采访时说。正是这样的心态，让她从不幸的遭遇中很快恢复，寻回优雅。

四年后，又一名体操健儿重现了科尔布特这种有节制的坚韧与轻而易举的优雅，她就是年轻的罗马尼亚运动员娜迪亚·科马内奇。年仅十四岁的她却有着一种冷静高贵的典雅。她走上体操赛场，一双舞者一般的长腿，还有那种壮丽大气的感觉。多么庄严宏伟啊！

她的一举一动都是那么美：和谐的线条，轻快的跳跃，不紧不慢的节奏，令人迷醉的韵律。

然而，科马内奇给我们的这种奢侈的感觉却付出了沉重的代价。她没有科尔布特那种阳光灿烂的感觉。她身上那种忧郁的感觉让她的表演多了点愁绪和痛苦，特别是到后来，大家知晓她的训练有多么残酷艰苦，她的人生多么黑暗艰难。那个国家可以说是囚禁了她，她最终得以出逃。我情不自禁地想，年幼的她也许在赛场上找寻到某种程度的自由，于是在高低杠上尽情地旋转到天昏地暗。有一点很清楚，她在比赛中的那种镇定和优雅，恰恰展现了一种微妙的力量、精神的力量，这在奥运会赛场上也是很少见的。科马内奇的运动生涯，就是这种坚韧的弹力的写照，也是这种力量，挽救了她。

温暖与冰冷

冰上的优雅，大概是人类最具奇迹的专长之一。冷酷残忍的冰面，尖锐的金属冰刀，除了自然创造的神迹，还有谁能在上面泰然自若呢？

观看冬季奥运会总能让人激动不已，其中当然包括电视上那些花样滑冰运动员的镜头。他们在冰面上自由自在，如生双翼，一条腿以优美的曲线高高抬起，像一艘快帆船划破海浪迅捷而来。然而，滑冰和体操与很多别的运动一样，越来越强调力量，优雅反倒被排挤在外。滑冰的配乐，只要用了心，很有可能非常优雅，但令人悲哀的是，这项运动越来越多地牺牲了那些微妙的异彩，而只求带给人杂技般的紧张刺激。

1976 年奥运会冠军多萝西·哈蜜尔（Dorothy Hamill）在冰上的表现，非常亲切温暖，柔软亲和。二十年之后，我在华盛顿肯尼迪表演艺术中心一场冰上秀欣赏到她表演时，这种特质依旧凸显无遗。在冰上移动的时候，她是那么轻盈，不费吹灰之力就弹跳而起，如同飘浮在空中，她在飞，自由自在，脚下生风，却同时传达了一种宁静。独自一人滑行在那寒冷的冰面上，她却那么泰然自若，并不刻意要把自己展现给我们，而是在自己的世界里徜徉，无比宁静平和。她的冰上步履，流畅无比，如水如丝，就连在狭窄逼仄的空间也是如此（艾森豪威尔剧场的舞台，尽管用了磨冰机，用来做冰上表演似乎仍然捉襟见肘了些）。那步履实在赏心悦目，令你目不转睛跟随着她。直到今天，我回忆起她在冰上的身姿，还能立刻条件反射般地感受到那时的愉悦心情。

电影《洛奇 3》[1] 中，一位记者问 T 先生[2]扮演的人物："您对这场比赛有什么预测？"

---

1 《洛奇》系列电影是由史泰龙编剧及主演，讲述一个寂寂无名的拳手洛奇·巴布亚获得与重量级拳王阿波罗·克里德争夺拳王的机会，是一个典型美国梦的故事。
2 美国演员，在《洛奇3》中饰演一名拳击手。

"预测?"要和主演西尔维斯特·史泰龙（Sylvester Stallone）对打的 T 先生发出了疑问，接着直视镜头，说出自己的答案，"痛。"

在这样一个一心要让对手挨打受痛的比赛中，是否有优雅的容身之地呢？

拳击，应该是最具攻击性的运动，赛场上时常鲜血四溅。就连经验丰富的拳击手们，有的都充满英雄气概地大流鼻血。但这种优雅的缺失有时可能会变成有利条件，至少对于"拳击场上的舞者"——舒格·雷·伦纳德（Sugar Ray Leonard）来说是这样。

拳击赛中，拥有舞者一样的素质真是至关重要的。在芝加哥读研究生的时候，我选了体育报道的课，从那时起开始对拳击感兴趣。我那些同学成群结队地去超级联赛，我却独独对报道业余拳击赛情有独钟。那时我已经对这种运动并不陌生了，之前一直目睹我的叔叔，家庭影院（HBO）资深拳击分析员拉里·麦钱特在一轮又一轮的比赛后站在围栏边采访那些喘着粗气的拳击手（我叔叔总是说，败将比胜者更有趣，更发人深省，我在自己的新闻事业中，也一直将这句话奉为真理）。我认识了一个聋人拳击手，他在运动生涯中一直处于劣势，因为他的一招一式节奏混乱，内心没有韵律感的指引。

想想穆罕默德·阿里（Muhammad Ali）那如同上了润滑油一般的灵动身躯吧。你怎么也想不到，这么大的块头，身体动作却那么敏捷迅速，出拳也快得手套都模糊在观众视线里。他用的力哪儿去了呢？大概隐藏在那光滑的肌肤之下。他的一招一式里有种流畅的对抗，好像一切变成了慢动作，在推挤着什么。他在拳击场上一直是昂首挺胸的，很少躬身缩腰地闪避自卫。这真有点目中无人，但又尊严高贵。整个拳击生涯中，阿里都完美平衡了这两种感觉。他骄傲自负，总是宣称："我是最伟大的！"然而这种耀眼的自负放在他身上又显得理所当然，我们丝毫不觉恼怒或被冒犯，反而觉得他就该这样。阿里身上有种特别令人愉悦的特质。看着他，你也觉得浑身充满活力。不像那个欠缺优雅的自行车健将兰斯·阿姆斯特朗，总带着一种令人扫兴的高傲和冷冰冰的纡尊降贵，阿里能让我们不由自主地被那种愉悦充分感染，因为他是如此优雅地表达自己，如此优雅地诉求自己的理想（他总是不知疲倦地宣扬尊重不同种族和宗教）。而且，在拳击场上拼杀时，他也总是带着这份优雅。

橄榄球就要更可怕些了。这项运动和拳击或网球不同，不是靠单独一个人的勤奋刻苦和深谋远虑。同时，也没有棒球那种宁静与耐心，没有足球的轻快流畅，或者篮球那些令人轻松的腾空技巧。橄榄球运动员们穿得笨拙，跑得艰难。在时间的压力下，球场上常常出现人撞人或人扑人的野蛮景象。不过，也正是因为如此，那些凤毛麟角的橄榄球运动员才会让我无比震撼。在他们的巅峰状态下，优雅竟能和粗暴并存。

匹兹堡钢人队进入橄榄球名人堂的运动员林恩·斯万（Lynn Swann），堪称橄榄球场上的米凯亚·巴瑞辛尼科夫（Mikhail

Baryshnikov)[1]。林恩是 20 世纪 70 年代驰名当世的外接手,身体控制得当,敏捷灵活,即使高高跃起在空中,也能调整球的位置。凡是观看他的比赛,再人高马大的硬汉球迷也能为之迷醉,甚至热泪盈眶。

这个男人啊,拥有飞鸟的能力,可以一飞冲天,也能俯冲落地,不知有哪位抒情诗人还能给他取个更美妙更合适的名字呢[2]?成为橄榄球运动员之前,斯万研习过舞蹈。幼时被母亲硬拉去上舞蹈课。后来,一百码的橄榄球场成了他的舞台。

"舞蹈训练赋予了我另一个维度,"几年前的一次采访中斯万告诉我,"让我在比赛中能游刃有余地把握技术、时间和韵律感。"踢踏舞老师曾经教他:"一个动作的结束,是下一个动作的开始。要流畅地过渡,你必须把握平衡。每一次表演都有时间限制和韵律节奏。"归根结底,他说,是"脑子里要始终想着舞蹈的背景,把握韵律,一遍又一遍地排练"。

说起橄榄球的排兵布阵和步骤方法,他仿佛一个百老汇的舞蹈队长。他说,不同的舞步,一直都是训练的难点之一。运动员们会演习葡萄藤舞,这是民间舞蹈中很重要的一种侧面的交叉舞步;还有爵士舞中的脚掌换步,以及"卡拉 OK 训练",随着臀部的旋转,

---

1 苏联芭蕾舞蹈家,编剧,制片人。
2 斯万(Swann)的名字与英语里的天鹅(swan)谐音。

将一只脚抬到另一只脚的上面。"你经常能看到别人做出这些动作。跑步的时候,你一只脚站定,如果是右脚站定,那从右边换到左边改变方向是多简单的事啊。要么就是左脚站定,那就把右脚往后站,左脚抬起来。这就是葡萄藤步。"

如果你两只脚不太协调,又要去防守斯万这样的人,那是必败无疑。就这么简单直接。

"有一次,约翰·斯塔沃斯[1]和我一起看片子,准备和达拉斯牛仔队的比赛。"他说,"片子里面有个后卫的步法特别糟糕。他就是控制不住自己的脚步。最笨的办法就是直接朝他跑过去,因为他马上就会后退。"但是,你可以迂回一下,引他左弯右拐,让他的双脚缠在一起,就能一路直冲达阵区了。"你可以让他转动双肩和双脚,我们知道他总会摔倒的,后来他真的就摔倒了。"哎呀!这么个高大魁梧的硬汉子,竟然被一个敏捷轻巧的小个子外接手"斗舞"斗赢了,这是橄榄球场闪闪发光的时刻之一。

不知有没有人想过,为什么有些手脚十分协调的橄榄球运动员在电视节目《与星共舞》上表现得那么好呢?他们平时就一直在训练踢踏舞一般的迅速快捷,比赛时也总是需要自控和平衡,这一切都可以转化为舞池中的精彩表现。第三季的时候,艾米特·史密斯

---

[1] John Stallworth,匹兹堡钢人队另一位入选名人堂的运动员。

(Emmitt Smith)[1]凭着优美的华尔兹捧走了冠军奖杯。杰瑞·莱斯(Jerry Rice)[2]、杰森·泰勒(Jason Taylor)[3],甚至连体重将近一百四十公斤的华伦·萨普(Warren Sapp)[4]都曾脱下厚厚的比赛服,换上帅气闪亮的燕尾服,在节目中一展舞姿。萨普这个退役的防守截锋,舞蹈时的脚步竟流畅轻盈得像杰基·格黎森。

  长久以来,很多舞者都被那些难得拥有优雅气质的橄榄球运动员所吸引。早在1958年,吉恩·凯利就邀请巴尔的摩小马队的四分卫强尼·尤尼塔斯(Johnny Unitas)参加他的电视特别节目《舞蹈:男人的游戏》。编舞教练泰拉·萨普(Twyla Tharp)也曾在她1980年的电视节目《舞蹈也是男人的运动》中让纽约芭蕾舞团的彼得·马丁斯(Peter Martins)和斯万搭档。(以上提到的两个电视节目,其主题都是要表现那些最富有男性荷尔蒙的运动员"硬汉"且优雅的一面,同时也表现那些最为优雅的舞者富有男子气概的一面。)斯万的舞蹈甚至胜过了马丁斯这位当时芭蕾舞最负盛名的舞者。排练的时候,这位橄榄球运动员营造的"空气感"比那位高挑的丹麦舞者还要轻盈。马丁斯的编舞教练乔治·巴兰钦(George Balanchine)在一边旁观,一边对自己的明星舞者喊道:"再跳高一点儿啊。"斯

---

1 橄榄球运动员,曾效力于达拉斯牛仔和亚利桑那红雀队。
2 外接手,有"橄榄球界乔丹"之称。
3 防守端锋,参加过美国职业橄榄球联盟全明星赛。
4 橄榄球名将,位置是截锋。

万说:"因为那个小个子越跳越高了呢。"

萨普也对斯万的跳跃记忆犹新,而且印象更为深刻:"他真是优雅得难以置信,"她告诉我,"他跳起来的高度实在惊人,还能够停留在空中。浑身的活力无穷无尽。他速度快,动作灵活,能敏捷迅速地变换位置……我从来没遇到过水准如此之高的男人。"

有的运动员在赛场上充满创意,也可以考虑退役以后去演艺界开辟事业的第二春。比如,前巴尔的摩乌鸦队的优秀防守队员艾德·里德,打的位置是自由后卫,表演实力足以捧得一尊奥斯卡小金人。一次又一次的,他的举手投足都在告诉对手的四分卫:啦啦啦,我要到这边来啦,所以往那边扔球是安全的……一次又一次的,他们都相信了他的假动作,让他成功地拦截到球。

这一是兵不厌诈,一是靠灵活的步法。里德靠着舞者一样的才艺,将防守与进攻无缝接轨。一次对阵费城老鹰队的比赛中,他摇身一变承担起接球手的角色,在达阵区截下一个传球,往回狂奔107码,一路上各种巧妙的闪避躲藏,恐怕连最傲慢的芭蕾舞者都会心生妒忌。线卫门朝他直冲而来,但他起舞一般地躲过一次又一次撞击,避开那些一心要报仇的对手,以自己灵活的脚踝为重心,步子尽量大,速度尽量快,直达目标,并最终上了美国职业橄榄球联盟的纪录榜。

在这样的赛场上,优雅并不常见。很多运动员都因为欠缺修养而臭名昭著:对别人拳脚相向,达阵区不顾一切粗鲁地庆祝,剑拔弩张地讥讽打斗。最近几年,接球手的位置倾向于出现善于撞击的力量型选手,就像特雷尔·欧文斯(Terrell Owens)和查德·约翰逊(Chad Johnson)那样的大块头,浑身肌肉,人高马大,用力就能冲破对方的拦截。不用像飞鱼一样躲避防守队员的拦截。他们是进攻的好手,这一点毫无疑问。但他们在赛场上,全无优雅可言。

"要是有人评价我作为一个跳水运动员的表现,"格雷格·洛加尼斯(Greg Louganis)说,"我希望大家记住的,是我既强壮,又优雅。"

运动的这种二元性,没人比洛加尼斯融合得更简单直接了。他四次摘得奥运金牌,堪称史上最伟大的跳水运动员,也是优雅的化身。他向我们展示了如何既有力又柔软。他的身姿很完美,但毫不僵硬;在空中的那种柔韧弯曲,使这个动作从上一个无缝衔接而来,同时又对下一个做了完美预告。看他的表现,真可谓是欣赏无声的音乐。

洛加尼斯就是古希腊语中"kalokagathia"的化身。这个词结合了"kalos"(美)和"agathos"(好),阐述了一种被哲学、艺术、文学和美学都大加颂扬赞美的理想。这个词描述的就是这个和加里·格兰特具有一样素质的人,在各种力量的拉扯中寻找到一个平衡点:外观和高贵内心的和谐。美人做美事。洛加尼斯站在跳台上做着准备,安静如同冥想,向观众展示了静止的优雅。身姿的完美状态之外,还有心理的完美状态。

说到他的身姿,那是不是米开朗基罗的作品啊。洛加尼斯这种如雕刻出来一般的完美身体,必定在西斯廷教堂的穹顶中能找到相似的刻画。

和那些人物一样,这位跳水运动员在肉体和精神的国度中全都是那么泰然自若。洛加尼斯站在平台上,自然而然地散发着情欲的诱惑,这种诱惑曾经激发了多少灵感,催生了多少古代的颂歌与青铜裸体雕像。然而,等他离开跳台,落入空中,那些动作就超越了身体的境界。他成为一个华丽的抽象概念,成为一系列几何学的理想——翻卷,盘旋,伸展——只有一个单纯的目的。等他轻巧地跃入水中,就完全超脱了我们的世界,消失在视觉和听觉的背后。

"我觉得我跳水不是机械的东西,"他说,"应该说是编排好的舞蹈。"

这舞蹈就连天使也会羡妒。

因为他是我们的一员。

第九章
在优雅的舞台上翩然起舞

> 优雅是一种多变的美:这种美的主体可以自然产生,也可能突然消亡。
>
> ——弗里德里希·席勒

在舞蹈界,强行扭曲身体,伸展到极限,已经变成一种时髦。这简直就是强行把优雅排除在外。

在最新的一些芭蕾舞剧(和很多老剧新编)中,艺术潮流是趋向于锋芒毕露、即时满足,像摇滚演唱会一样的酣畅过瘾。舞者们急匆匆地旋转,足尖挺立,不停跳跃落地,仿佛能钻透金属。有时候感觉他们的身体就像快要被吹散,关节不断脱落。比如由著名舞蹈教练、芬兰出生的约尔马·艾诺编排的,名为《双重罪恶》的芭蕾舞剧,尾声的时候,领舞的演员匆匆忙忙地完成了一连串的脚尖旋转,朝伴舞者拱起腰背,后者帮她从肩上来了个后滚翻。她背部着地,双腿斜着张开,胯部朝天。在包括这部作品在内的很多芭蕾舞剧中,领舞的女演员或多或少都代表了人类最理想的女人气质。但在尾声的这最后一刻,她整个被破坏了,被解构了,裙下春光一览无余。她不再是芭蕾皇后,而只是一些凌乱潦草的直线与弧线,被某人残酷无情地用圆规画了几笔就弃之不用。艾诺的美学支离破碎、参差不齐、生硬唐突,充满了讽刺的意味。这不是说他的很多作品就不美妙不迷人了。不和谐的纷乱风格当然也能孕育和产生美。比如毕加索那些抽象立体画、斯特拉文斯基所做的充满冲突与不和谐鼓点的《春之祭》,后者在巴黎首演时还曾引起观众极大的不满,到现在却被认为有划时代的革命意义。这些都显然是艺术的佳作,但并非优雅的作品。

近年来,芭蕾舞台似乎在不惜一切代价迎合观众,或是模仿电视上花哨的舞蹈真人秀,又或者是全世界各处冒出来的芭蕾比赛导致的结果,舞台上的演员越来越痴迷于身体的扭曲。你会看到舞者们常常"自取其辱",就为了像啦啦队员一样突然来个炫技:要么是一系列迅速地旋转,要么是突然一跳,让自己好像飞到空中,身体分离。反正只要能让观众惊得倒吸一口凉气,目的就达到了。

芭蕾舞蹈训练中,重心也是放在技巧上,每一个舞步的构成都要悉心学习,但却忽略了风格。风格是很个人的事情,比技巧更需要时间去发现和培养。

对技巧的强调,没有限制的推崇以及由此带来的分裂,形成了一种非常破碎的质感。很多当代舞蹈编导的作品,灵感仿佛来自那些抽筋的瞬间,其中完全看不到当代艺术与当代舞蹈美学的结合。他们喜欢扭曲和炫技,多过于流畅和谐、互相连贯的一长串动作。优雅好像已经过时了。新的芭蕾舞,就是一系列花哨的高难度动作,早已没有了诗意,不在乎叙事,也失去了那种超然的气质。一开始,这种趋势带来的爆发力可能看上去很是让人叹为观止,刺激感官,但过了一会儿,你就会发现,看个芭蕾,总是一惊一乍的,真让人厌倦啊。

现在,很多舞者所缺失的东西,正是数百年前让人们爱上芭蕾的因素:身体的协调,舞蹈中的平衡和轻松。也就是优雅。"如今,只有芭蕾,才能让我们感受到希腊人整体的动作感觉。"埃德加·德加[1]曾经解释自己为什么那么喜欢画芭蕾舞者,他对芭蕾舞这种精妙文雅的运动性和感官上的诱惑力颇有研究。作为一个画家,他对这种艺术形式的痴迷表现,充分展示了舞者们流畅而充满韵律的性感,以及这种感觉带来的愉悦。

在肯尼迪中心看过一场很好的舞蹈表演之后,我走出大门,感觉自己也飘飘欲仙;有的时候我真是有点忘我,可能都会一头撞进歌剧院外面约翰·肯尼迪那巨大的半身像怀中。每当看到舞者轻盈

---

[1] Edgar Degas(1834—1917),法国印象派画家,以画芭蕾舞者著名。

迅捷地在舞台上来回跳跃，我心中也充满了一种躁动的情绪，仿佛也和他们一起在飘动。你看啊，那些高难度的动作，他们做得多么轻而易举，多么满怀欣喜啊。优雅的舞蹈不是个人的炫技，而是和谐连续的表演。强健的动作和迅速的步法也可以是其中之一。但就算是高高跳跃，直冲舞台的灯架，或者一连来六七个脚尖旋转，米凯亚·巴瑞辛尼科夫这样的芭蕾大师也绝不可能显露出一丝一毫的紧张，而且时刻保持着协调。他把自己完全投入到当下的表演中，充分展现着编舞者的目的，让自己在观众面前一览无余，一点也没有自我陶醉的装腔作势（比如抬起胳膊挥挥手腕，现在的男性舞者中这种动作也太多见了）。

我们和优雅的舞者之间，还会产生情感上的联结。是的，舞者能让观众惊讶无比，甚至完全征服他们。但只有优雅的舞者，才能和我们产生共鸣共情。我们会觉得那就是我们中的一员，在为我们而舞，在代替我们体验那个舞台。这是因为他们的一举一动都充满人性，让我们感到舒服，看着他们跳舞，就像去别人家做客或者走进一栋大楼那么平常。优雅的舞者们那种洗尽铅华的轻松，让我们也寻求到与自己身体的和谐。我们感受他们的动作，感同身受，愉悦满怀，就好像我们自己的身体也在舞动。就因为这种人性，优雅的舞者才能赋予观众一种更私人、更亲密的体验。这就是"简而未减"的原则。不用像杂技表演一样去做那些高难度的动作。优雅的舞者能用最简单的方法，召唤我们的情感。

比如玛戈特·芳婷（Margot Fonteyn），就是仅凭静静地站立，便倾倒众生。

我与芳婷初遇时，对比例啊平衡啊这些东西可谓一无所知。单是看了她的一张照片，我便爱上了她。那时候我才十二三岁，刚开始正经地学芭蕾。父亲给了我一本柴可夫斯基《睡美人》的芭蕾图册，封面就是芳婷的照片，她饰演欧若拉公主，在婚礼上穿着一条洁白的芭蕾舞裙。芳婷完全静止地站立着，头微微倾斜，仿佛正在倾听美妙的音乐，也让照片的观者情不自禁地去想那是怎样的仙乐飘飘。最终我看到了她翩翩起舞的动态，当然是看影像资料，因为等我能买演出票的时候，已经太晚了，看不到她的现场了。我觉得她身上最美妙的地方，还是那种引人入胜的静谧。

芳婷的那张照片永远是我心中芭蕾舞者的典范。阳光从她身后的门口照射进来，勾勒出她的轮廓，她的双臂举过头顶，如同舒展的翅膀。指尖则轻轻栖息在形成整个照片框架的拱顶上。眼神顺着手臂的曲线，仿佛追随一湾流水，再顺着腰背的斜坡滑下去，微微扭曲身体，一条腿在背后伸展开。从头到脚的线条都充满了韵律，连贯流畅。这种轻巧灵活的感觉，着实引人入胜。

这张照片最打动人的地方，就是那种充满人性的优雅。她面对的是透过门厅能看到的风景，在眼前蔓延开来。她的姿势让你确信，无论她遭遇什么，面对什么，都可以跨过门槛，在外面的世界肆意徜徉，如同归家。

为这幅图景倾倒的不止我一个人。多年以后，我发现同样的画册封面出现在艺术家约瑟夫·康奈尔（Joseph Cornell，这位艺术家有一个很出名的装置"盒子系列"）工作室的一个收藏系列里面。

一个女性，怎么能用这么一个简单的动作，就淋漓尽致地诠释了"优雅"二字呢？这是芳婷独有的魔法，从她作为一个舞者的精神内核中散发出来。宁静安详的泰然自若，是芳婷的天赋。在20世纪初和她长长的职业生涯中，让她出类拔萃的原因非常简单：柔软，轻快，如音乐一般的举手投足。

她从不尝试华丽炫技的表演。以芭蕾舞的标准来说，她身体上的天赋远远称不上完美。她的双脚短而结实（编舞指导弗雷德里克·阿什顿说这脚是"黄油块"），腰部和脊椎缺乏弹性，双腿的灵活性也有限。而在她长长的艺术生涯当中，那种安静的专注，却把所有这些局限变成了一种风格。跳舞时后踢腿虽然踢得不高，却和她那种自然的收敛与清淡融为一体；足尖谦逊的线条，完全摒弃了那种矫枉过正的虚荣和浮华。的确，这样有着弹性而紧实的双足与双腿，赋予她一种独特的优雅，这种优雅源自力量，源自维持平衡的能力，让她能够在流畅连贯的动作中，以一种平静安详的姿态漫步。

1949年，她这种轻盈如飞的能力，掀起了一股"芳婷热"。皇家芭蕾舞团的前身，赛德勒维尔斯芭蕾舞团从还在恢复二战创伤的伦敦来到纽约。没人指望舞团这些乳臭未干的年轻人在美国初次亮相跳《睡美人》能有多惊艳。没人有什么大的期望，直到芳婷跑上舞台。

她身上完全没有出名的芭蕾舞演员的矫揉造作,纯粹地表达着欢快,欧若拉公主的欢快,一个十六岁的皇家公主,在自己的生日聚会上那种可爱美丽的热情。第一幕的"玫瑰柔板"部分,欧若拉和自己的四个追求者起舞,先分别拉住每个人的手,然后松开,一条腿高高抬起如同鼓起的风帆,独自稳稳地站立着。一段相当耗费体力的独舞之后,芭蕾舞娘在无人辅助的情况下,完成了四个足尖站立,真是令人叹为观止。芳婷的每一个动作,都好似自己是一团棉花糖,悬浮在空中。她最后那个动作甚至多持续了几个节拍。最后那个后踢腿,由一个双肩上挑着战后英国疮痍与伤痛的年轻芭蕾舞演员做出来,实在是完全展示了重压之下优雅的胜利,而且其意义也远超于此。

"在那不可思议的平衡之中,"芳婷的舞蹈搭档之一罗伯特·赫普曼(Robert Helpmann)说,"英国芭蕾舞的好口碑就这么形成了。"

一部关于芳婷的纪录片中,她站在一间舞蹈室的镜子前,离镜子很近,差不多都要碰到了。她一边转圈,一边研究自己双臂的动作。随着身体的转动,手臂也围绕身体时而挥舞,时而抬高,随时都在琢磨如何保持动作的流畅,改变位置时如何衔接得不露痕迹。她最为关注的,就是那些弯曲的线条是否流畅,是否拥有流畅造就的优雅。德加也一定注意到了芭蕾舞演员手上曲线的这种优雅,才能把她们的动作表现得如此生动。就像英国批评家理查德·巴克（Richard Buckle）所写的，芳婷靠着专注的思考，把自己塑造成了一个伟大的舞者。

这种有助于舞蹈的思考，就是干净、清晰，不拖泥带水。她朴实纯粹的风格令人想起生活中简单的愉悦：草坪上的野餐，精心照顾的花园，下午茶。她的舞蹈，恰恰遵循了最为经典的设计原则：和谐，讲究比例、平衡和韵律。

她可以在流畅的连奏时久久静立，又能马上迅捷如闪电，双足如同兔子小小的牙齿，在空中干净利落地啃咬着，她从舞台这头跑到那头，刚好与音乐的节拍相合。

很多舞者都会忽略自己上半身的表现力，但这恰恰是芳婷的主要优势。她微微一偏头，双眼中眸光一闪，令她的舞蹈平添了一份独特的色彩与魅力。你永远无法忽略这位女性双足与双腿之上的身体，舞台上的她带着我们体验光辉的人性。不管是与生俱来的本领，还是有意的修炼设计，这都是很聪明的一招。从观众的角度来说，头部和手臂是一个舞者最可和我们产生共鸣的部分。因为这两个部位是我们普通人最经常用来表达感情的。因为大多数人根本不可能像舞者那样抬腿，但却可以想象以舞者的优雅移动自己的双臂与头部。

她对自己身体的处理方式实在很聪明又自成一体，非常和谐，不会冒着受伤的危险猛然做一些高难度动作，这让她的舞台生命异常持久。四十多岁的时候，芳婷考虑退休，结果舞蹈家鲁道夫·纽瑞耶夫（Rudolf Nureyev）从俄罗斯空降西方世界，两人组成了著名的搭档，让芳婷又跳了二十年。芳婷的简约朴素，火花一般的快乐愉悦以及细致的曼妙，恰巧完美搭档了纽瑞耶夫激昂的热情与力量。他们的组合，恰恰与弗雷德·阿斯泰尔（Fred Astaire）与金吉·罗杰斯（Ginger Rogers）在大银幕上的火花相反：芳婷给予了纽瑞耶夫高贵典雅，而纽瑞耶夫则赋予了芳婷性的吸引力。最重要的是，接受过俄罗斯舞蹈训练的纽瑞耶夫，也给了芳婷很多技术上的指导。芳婷这个世界著名的舞蹈家，一个早已形成自我风格的毫无争议的舞蹈皇后，也一直虚心接受着他的建议。这也是芳婷能一直跳到六十多岁的原因。她就是如此优雅，能一直学习，一直调整，虚心接受新的想法和建议，重新去审视和思考那些她早就跳得炉火纯青的角色。她就是如此优雅，能够真正和一个年轻的新人建立搭档关系，并且平等对待他。

每当芳婷和纽瑞耶夫共同踏上舞台，那种彼此之间完完全全的共鸣与互动都能让我们看到什么是高等的优雅。1966年，他们录制的舞蹈影片《罗密欧与朱丽叶》中，这一点得到了彻底的展现。阳台上的那一幕便是一场互相理解彼此懂得的沟通。一开始是有些恐惧的犹豫，芳婷慢慢走向纽瑞耶夫扮演的罗密欧，浑身充满分裂的矛盾，头和脚朝他的方向倾斜着，身子中间却在向后缩。这一幕最后却是以她那轻快的愉悦收尾。有趣的是，芳婷的这种情绪最鲜明地体现在双肩上。她扮演的朱丽叶,每当要表现焦虑、争辩,要求罗密欧倾听自己的情绪时,双肩就朝前耸;而认清命运,向罗密欧缴械投降时,双肩则是向后,双臂轻轻垂下,虽然表现的是向罗密欧"屈服",却仍然不减半分优雅。

优雅的核心宗旨之一,就是给人们好的感觉,芳婷制造的恰恰就是这种效果。将编舞名家乔治·巴兰钦带入美国并与其共同建立了纽约芭蕾舞团的经理人林肯·科尔斯坦(Lincoln Kirstein)曾经说过:"整个世纪的芭蕾舞娘中,玛戈特·芳婷是最能体现取悦艺术的。"今天,有太多太多的舞者对如何赢得观众的心有误解。他们觉得必须要极尽所能带来视觉冲击。他们在舞台上的卖力表演,充满着一种啦啦队员般的心理,高高地踢腿、不停地旋转,这一切其实都让我们望而生畏,总是担心他们会在飞跃的过程中支离破碎。他们给我们展示的,是技术,是专业,却没有快乐。

芳婷从不去展示舞台之下所付出的努力。她的舞姿充满着轻盈与欢乐。她在舞台上展示的人性充满了辨识度,那灵性满满的眼睛,那轻快跃动的脚步,仿佛把我们也拉上了她高空中的飞机,与她一起分享那飞翔的快乐。

在台下,她和台上一样优雅。和加里·格兰特与乔·迪马吉奥一样,芳婷的衣着也是无可挑剔的。她偏爱圣罗兰和迪奥的服装,仪表毫无瑕疵,头发梳成圆髻,长袜的缝线处也直得像用尺子量过。

所以说,台上台下,生活中的每分每秒,芳婷都是这么完美,对吗？远非如此。芳婷的私人生活实在是一团乱麻。她常常招惹一些"烂桃花"，最糟糕的一次是嫁给了一个名为罗伯托·阿里亚斯的巴拿马外交官，这个男人的眼睛总是飘忽不定。根据芳婷的传记，她本来都决定和他离婚了，阿里亚斯却突然遭到一次不成功的暗杀，造成颈部以下高位截瘫。

芳婷成了他的护工，她以一种令人震惊的投入给他喂食，穿衣，护理，以跳芭蕾舞一般的原则和老派的教养行使着妻子的角色。不管情况是好是坏，她优雅依旧，毫无怨言，一直到最后都尽职尽责。

年纪渐长的芳婷依旧是偶像，为了阿里亚斯的医药费和他那一大家子的生计，她穿着那些旧迪奥出席各种公众场合以便筹钱。阿里亚斯去世后两年，癌症的折磨加上欠债累累，她死在贫病交加之中，享年七十一岁。

芳婷本应过更好的生活，但我推测，她应该没多想。

芳婷私人生活的动荡恰恰说明，优雅是她内在的核心价值，并非只存在于表演之中。她的优雅，最大的特点就是平静，在她镇定自若的欣喜中，在她舞台上流畅的动作与轻盈的静止中，还有不管身体上有局限，还是婚姻遭遇不幸，她都能以最大的努力，去把生活做到最好。如此一来，她就超越了那些困苦，人生得到了升华。

困苦便是用来超越的，拉尔夫·沃尔多·爱默生写道，伟大的心灵绝不会抱怨连天,"勤奋的灵魂厌恶廉价的成功"。很多优雅的人,不管是舞者、运动员或其他,胸中都跳跃着一颗从不抱怨的伟大的心。

俄罗斯舞蹈演员娜塔莉娅·玛卡诺娃(Natalia Makarova)便有着这样一颗心。她在舞台上的动作和芳婷有所不同。玛卡诺娃的舞步更火热、更激情、更自由。但是两位芭蕾舞娘有着优雅舞者的共同点:轻松不费力地举手投足,并且把这种轻盈传递给欣赏舞蹈的我们。她们让我们的灵魂慢慢升华,超越他们的舞步,超越舞台,超越任何轻易就可形容的语言。

芳婷的优雅,主要来源于镇定平静;而造就玛卡诺娃优雅的,是她的真诚坦率与慷慨大方。她身上这种天性,实在与自己遭遇的那种严厉苦行自相矛盾。

玛卡诺娃出生于1940年。童年时期,她遭遇了列宁格勒围困战,纳粹包围这座城市,经历了地狱般的三年,生活供给被切断。将近一百万市民惨痛离世。

她自己的父亲也在战斗中牺牲。战后同样贫困潦倒,玛卡诺娃一次弄丢了家里每月的配给券,被继父毒打。要是上学成绩有所下降,又会遭遇更多的棍棒巴掌。挨打之后,她的母亲还会命令她请求家长的原谅。

"不可能。"一个秋日的午后,在玛卡诺娃位于加州纳帕山谷的山景住宅中,时年已近七十二岁的她俯瞰着大片的葡萄园,对我说。

那时的她皮肤依然吹弹可破，略微带着点疲惫的神色，但却时时露齿而笑，一双蓝眼睛放射出夺目的神采。

"我绝不会请求，情愿继续挨打。"她的英语发音中还带着故国的口音，没来由地显得随意又高贵。

玛卡诺娃的芭蕾训练开始得比较晚，十三岁才进入著名的瓦冈诺娃芭蕾学院，所以她不得不加倍努力去跟上那些年纪更小的同学。生活充满挣扎和努力，但同时也简单得不能再简单：除了跳舞、艺术、读书，再无其他。

"俄罗斯的好处在于，我们其实拥有独特的自由，"她说，"不会有那些轻佻琐碎的诱惑。整个苏联，缺衣少粮，没有娱乐，没有乱七八糟的纷扰，可以用纯粹来形容。这样你就会集中精力去研究真正的财富，同时打下了精神与物质的基础。"

玛卡诺娃也很清楚，自己最大的天赋是自相矛盾的：严格的自律与无畏的自发性，这来源于她与生俱来的身体协调性与蓬勃向上的人格。这些品质令她由内而外地散发着一种确凿无疑的优雅，兼具少女的浪漫情怀和无拘无束的自由，看上去又不费吹灰之力。这让她1970年来到美国之后，在西方那些以舞蹈技巧为重的明星当中显得分外出挑。

她一边说起二十九岁时一时兴起，要做出一生中最重要的一个举动，一边抬起手指，撩拨着耳朵上那只金耳环。那时候她跟随基洛夫芭蕾舞团在伦敦做巡回演出，她早已是舞团里顶尖的舞者，却总是被那些不如她出色、却有党派关系的舞者抢了想跳的角色,这一切让她厌倦。她跳的总是那些经典的保留节目,新的节目都是胡编乱造的,什么"俄罗斯的船进港"之类的,这也让她觉得无聊透顶。

最重要的是,玛卡诺娃担心自己舞台上那种可贵的自发性会慢慢消磨掉。所以,她咽下所有犹豫的泪水,告诉英国的朋友们,她要报警。

就在那决定性的瞬间,就在冷战如火如荼的时候,玛卡诺娃成为第一个叛逃苏联的芭蕾舞演员。

"想做就做,这种性格拯救了我。"她说。

最终,她加入了美国芭蕾舞剧院,后来成为皇家芭蕾舞团的一员,她在舞台上那种潇洒大方,舞蹈中展现出来的宽厚心灵、豪爽坦荡与满怀的热情,立刻就引起了轰动。她的上半身和双臂与音乐那么合拍,身体的弯曲与摇摆那样美妙,与周围舞者的互动也是那么灵活和谐,这些全都令观众如痴如醉。美国芭蕾舞剧院不缺乏技术精湛的舞者,玛卡诺娃却绝对不止那么简单。由于舞蹈启蒙较晚,她很长一段时间都苦苦练习各种技巧。但她身上那种优雅是剧院前所未见的。这不是你奋力扭曲身子,把脚抬高到耳朵就能做到的,当然也不是你能跳多么纯熟的舞步就能得来的。

"她的双臂就是令人难以置信,"玛卡诺娃时期美国芭蕾舞剧院的年轻舞者阿曼达·迈凯诺(Amanda McKerrow)说,"她的胸膛有种自由的感觉。而双臂与背部的自由与表现力实在太让人震惊了,这也是她独一无二的特质。"

"她有种永远不慌不忙的能力，"玛卡诺娃的崇拜者辛西娅·哈维（Cynthia Harvey）说，"她的举手投足那么流畅，她能把急速的快板调成舒展的连奏。从没见过她笨拙奇怪的样子。"

在芭蕾舞剧《吉赛尔》的墓地那场戏中，玛卡诺娃饰演的女主角作为幽灵出场，她迈出第一步的时候，就让观众相信，她真的逾越了凡尘。她足尖滚动，如同踏着迷雾而非坚实的地面。这真是细致微妙、入木三分的刻画，作为舞者的她仿佛调动了脚上的每一块小骨头。但玛卡诺娃没有止步于此，她还不断调整着呼吸和眼神，来表现那种恍惚游离的状态。

她非常擅长诠释那种充满戏剧性的角色。比如弗雷德里克·阿什顿的《乡间一日》、约翰·克兰科的《奥涅金》，都是那种绝望的罗曼史，灵感都来源于俄罗斯的爱情故事。杰罗姆·罗宾斯（Jerome Robbins）专门为玛卡诺娃和米凯亚·巴瑞辛尼科夫编排了《别样舞蹈》，配上了肖邦的马祖卡钢琴舞曲。丰富的人物刻画，融入了踢踏舞与后踢腿的精致民族舞蹈风格，还有高高扬起的手臂，完完全全地展现了马拉诺瓦的大气壮丽与那种斯拉夫的质朴真诚，充分体现了她舞蹈起来如飞鱼游弋、轻盈剔透的质感。

玛卡诺娃的舞蹈，仿佛是把人类的梦境呈现在观众眼前。这一切都是靠各种优雅的特质实现的，她大气地挥洒着整个身体，用一种自然而然的轻快连接着自己的舞步，流畅地转换着动作，不会刻意去注重某个单独的姿势，再加上她的戏剧表现力，形成一种无可描述的渴望与不可触碰的游离。

"她和任何人都不一样。"巴瑞辛尼科夫告诉我。他和玛卡诺娃相识于圣彼得堡，在她加入基洛夫芭蕾舞团几年之后也加入了这个舞团，而玛卡诺娃恰好在此时逃离苏联了。"她身上具有那种神秘气质，身体有着超凡的协调性、自由度和完完全全的透明度。"

玛卡诺娃就是如此自由，如此透明，而且慷慨大方，而这些特质不仅仅存在于她的舞蹈中，台下的她也是不改本色。她慷慨地把自己的所知传递给别的舞者：她教美国人如何像俄罗斯人一样舞蹈，从内到外地重塑了整整一代美国舞者，向他们展示如何放开舞蹈的格局，如何显得更加自信。她还献给美国芭蕾舞剧院一场芭蕾舞剧《舞姬》，其讲述了19世纪的情杀故事，背景是缭绕的鸦片烟雾与印度王室。最初的编舞者是创造《天鹅湖》与《睡美人》的舞蹈教练马里乌斯·佩提帕（Marius Petipa），但在美国却少有人知。玛卡诺娃重新编排《舞姬》的时候，全凭在基诺夫舞团的记忆，其中有一场，是二十四个幽灵般的女人，踏着轻盈的舞步，在舞台上交错地飘过，令人目眩神迷。这部舞剧取得了巨大成功，批评家们欢呼雀跃，说曾经表现平平的美国芭蕾舞剧院竟然在业内一时无两。

你要知道，芭蕾舞演员一般不会承担这种令人头疼的编舞职责，至少在舞蹈事业的高峰期不会去自找麻烦。但是玛卡诺娃觉得，她在美国芭蕾舞剧院接触到各种各样的舞蹈风格，获益良多，特别是芭蕾舞界伟大的现代化主义者、表现派英裔编舞教练安东尼·图德（Antony Tudor）。她想要有所回报。

"我之所以不一样，是因为接受的教育比较好，对线条、姿态、足部的动作、位置等都有更好的理解，"她一边对我说，一边拱起双手，说明一个接受过良好训练的舞者身体应该拱成什么样子，"他们教给我现代的东西……我想要奉献出我所有的：学院派的教育。"

而她的巴瑞辛尼科夫在1974年学她逃离苏联之后，玛卡诺娃也是第一个和他联系上的。她确保这个二十六岁的年轻人不用像四年前的自己一样到处找工作，一手安排他和自己一起在美国芭蕾舞剧院的《吉赛尔》中首次亮相。他说，因为这件事，"我的余生都会对她感激涕零"。

感恩：一位脱衣舞娘教会我的事。

我和一个朋友去纽约东村的地下酒吧，据说是个熟悉的人才知道的摇滚俱乐部。在这样的地方，你原本想都想不到会得到什么启示。狭窄的场地昏暗而闷热，黏糊糊的水泥地，弥漫着啤酒与荷尔蒙混合的味道。我们来听的乐队叫班比·基诺（Bambi Kino），擅长演绎甲壳虫早期的歌。他们的音乐有种温暖而怀旧的吸引力，带着点儿欢乐，又有点儿漫不经心。但没人主动来到舞池。你眼前是一个冷冰冰的地方。

直到脱衣舞娘们炫舞而入。

一共三个，是从一个比较高端的舞娘俱乐部雇来的，只跳这一晚。三个人脸上都带着微笑，周身洋溢着感染人的欢快。她们就是这地下酒吧里的"美惠三女神"。但给我印象最深的是叶卡捷琳娜小姐。一头淡金色的秀发，上面挂着雪纺绸和羽毛的装饰，如同月光照亮了整个酒吧。她给每个人都飞了个眼神，不过我觉得好多人都没注意这亲切的举动，因为大家的目光全都被她那亮闪闪的乳贴和暴露的肉体给牢牢吸引住了。

她做着各种旋转的动作，雪纺绸滑到地上。她做着后软翻、前踢腿，脚举到耳根身体却依然保持着无可挑剔的平衡。叶卡捷琳娜实在是个优秀的柔术演员，她甚至把整个场景的感觉都改变了。她表演的，不是那种低级粗俗的脱衣舞，没有夸张地坐靠与推挤，她的丁字裤也一直非常低调地，甚至可以说是奇迹般地待在原地，没有走光。她身上有种很友好的气质，轻松的温暖，有点像意大利艺术家莫迪利亚尼（Modigliani）笔下的裸女，这种简单直接，恰恰显示了罗曼史中可爱的那一面。她不是在"表演"，眼神一点也不空洞，也没有那种拒人于千里之外的自我防御，不与那些观看脱衣舞的观众为敌。叶卡捷琳娜处于完全放松的状态，尽情表现自我，她既要挑逗观众，也要让他们融入。她并不满足于做全场注意力的中心，而是希望我们也动起来。

这场表演，致敬的是甲壳虫早期在德国汉堡红灯区表演的精气神。这是脱衣舞娘们登台的原因。乐队成员开始表演一首比较温柔的歌,如泣如诉、略带悲伤的《深情地吻我》,吉他拨弦,带着点间谍电影音乐风格的旋律响起,叶卡捷琳娜开始往舞池中拉人了。

歌手们浅唱低吟,她扭着臀部,与我们每一个人四目相对,轻轻摇一摇乳贴,发出令人难以抗拒的邀请。如果你看上去有些心动,她便伸出手,拉着你来个双人摇摆。要是你以某种方式说明自己不太适应这种场合,她脸上依然保持着微笑,自然地过渡到下一个观众,不给你带来任何压力。

叶卡捷琳娜满屋子请人,展现了一个不成文的规则:欢迎每一个人加入这场狂欢。等她转完一圈下来,这个地下酒吧已经变成了世界上最甜蜜的地方,整个气氛都柔软下来。是因为舞娘们暴露的身体吗?是因为她舞动时那天鹅绒般醇厚的感觉吗?二者兼而有之吧,当然还要加上一点,就算穿着暴露,她也毫不畏惧地在我们之间穿梭。她想要融入我们中间。

事实上,这美丽的尤物似乎很是高看眼前这鱼龙混杂的人群。叶卡捷琳娜在每个人之间旋转出一张无形的网,虽然这么说好像很奇怪,但是我们全都好像进入一种灵性升华的体验中。

那些接受了她邀请的人在舞池中扭动着,其他人则靠在砖墙上,举着塑料杯子痛饮美酒,显然很喜欢眼前这场亲切可爱的表演。真分不清这是一个地下脱衣舞酒吧,还是我们大家受伤后自我疗伤的避难所?

就连乐队成员似乎也被舞娘们温柔的魔法震撼了。他们本来都专心致志地低着头，但不时会羞涩地瞥一眼尽情舞蹈的姑娘们，但又不想显得笨拙或者不尊重。

脱衣舞表演开始之前，我还有点紧张。这个地方流淌着一股强大的男性荷尔蒙，我本来以为那些喝醉了的摇滚迷们会变成垂涎三尺的傻瓜。而且我心里有点小小的阴影，害怕我可能会被叫上去参与，让我不得不夺路而逃，很不"酷"地夺路而逃，躲进卫生间。

然而，在这个原本没什么人情味、喧闹逼仄的地方，我感觉到了流动的亲切和热情。这实在是出乎我的意料。而叶卡捷琳娜朝我晃动着双乳，带着鼓励的微笑说："你好呀，快来呀，就是你，就是你，你觉得你当了妈妈了，没有存在感了，不时髦了，但是我看到你本性露出来了，你绝对很潮！"

你看，脱衣舞娘也能传递给我们一种智慧。她们绝不羞怯，绝不势利。她们清楚，重要的不是你有一副完美的躯壳，而是你如何去利用自己的身体，是你的态度。最好的脱衣舞娘在社交场合，目标都是取悦在场的每一个人，而不是掌控全场，让人们望而生畏，或是用某种俗气的方式来过度填补自己的不安全感。舞娘们基本上愿意尝试合法范围内的任何事情。她们可以一件件脱掉衣服，也可以按你的意愿在你大腿上起舞，她们打开了一扇窗户，通往那没有边界、充满无数可能性的世界。

是在如此冰冷残酷的环境中，俱乐部的三个女性还能做到如此优雅，我们大家为什么做不到呢？

有一刻，其中一名舞娘从乐队面前旋转而过，一片羽毛从她的披肩上滑落，飘到鼓手的T恤上，停留在那里，如同一个飞吻。这实在是对当下情景绝妙的隐喻。一切的冰冷残酷完全融化退却，某种性感，带着烟火气，却又含着救赎意味的东西，涌动在空气中。

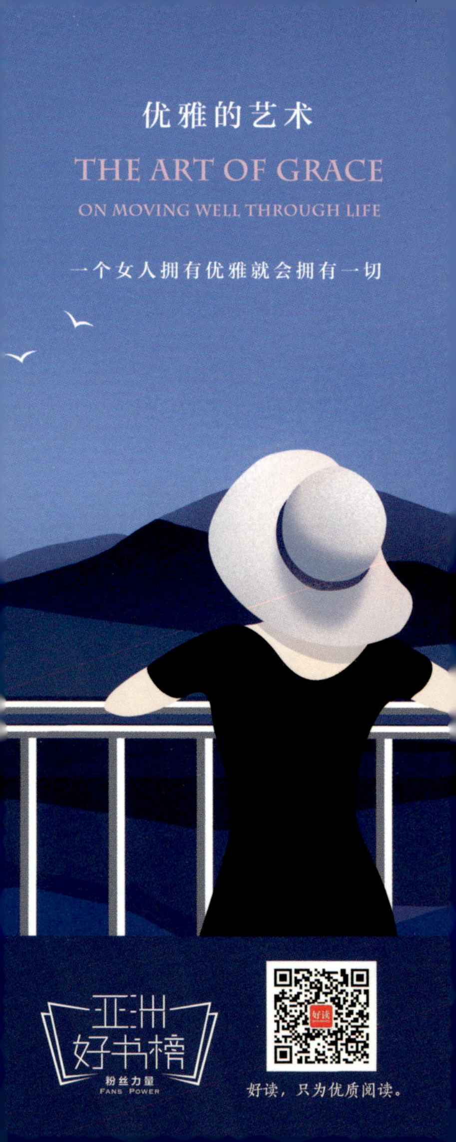

优雅的艺术
THE ART OF GRACE
ON MOVING WELL THROUGH LIFE

一个女人拥有优雅就会拥有一切

好读,只为优质阅读。

第十章

优雅是行走的美妙诗歌

　　一个健全的男人的表情，不仅表现在他的脸，也在他的四肢肌肉上，更奇特的是在他的臀和腕的肌肉上，在他的步态上，在他的脖颈的姿势，在他的腰和膝的弯曲上。

　　衣饰并不能将他遮藏，他的强健甘美的性质透过棉布毛麻显露出来。

　　看着他走过如同读一首最美的诗歌，也许比诗歌传达出更多的情意。你依恋地看着他的背影，他的肩背和脖项的背影。[1]

　　　　　　　　　　——沃尔特·惠特曼《我歌唱带电的肉体》

---

[1] 此段翻译引自李野光先生译文。

在时装周上，我发现一个很尴尬的事实：大多数走 T 台的模特，都不会走路。

当然，派个舞蹈批评家去时装周，在衣饰潮流与打褶质量等方面是得不到什么细致的分析的。我关注的是表演。那些注重细节的设计师们也和我一样。他们的时装秀搞得跟摇滚演唱会一样，灯光炫目，音乐震天。模特们步子也走得迅速敏捷，要唤起人们的兴奋感。时装这一行，靠的就是感觉，所以时装秀也充满了高昂的情绪，甚至在感官上让人有点招架不住。

但是，如果模特走得不好，那些衣服就失去了力量。没有美丽的步态，一切的精彩都无济于事。

模特群体中不易看到优雅的影子，大多数看着都像贾科梅蒂的雕塑修炼成了活人[1]。很多年轻的女孩子都瘦骨嶙峋，形容憔悴，看着就像一具很抽象的女性身体，夸张的线条与突出的棱角。腿脚和螳螂一样，髋骨显得异常突兀，每一个都这么瘦，这么尖锐。很多 T 台模特就算穿上轻柔舒展的衣料，也能穿得棱角分明。

最大的问题就是她们的步态。"你们走的时候，要像后面有三个男人保驾护航似的。"已故设计师奥斯卡·德拉伦塔（Oscar de la Renta）如是建议。嗯，咱们 T 台上这些资质平平的模特啊，走的时

---

[1] 贾科梅蒂（Alberto Giacomettis, 1901—1966）是瑞士超现实及存在主义雕刻大师，他所雕刻的人物大多瘦骨嶙峋，姿势诡异。

候是那么生硬笨拙,双眼呆滞无光,仿佛后面跟着的三个人都是僵尸,而她就是他们的冰雪皇后,刚从坟墓里爬出来,身体还僵硬着呢。

但卡莉·克劳斯(Karlie Kloss)是与众不同的。她动起来的那种感觉,既柔软轻盈,又充满力量,完全超越了简单的移动。我第一次见到的她,穿着一件卡罗琳娜·海莱娜[1]的丝绸礼服,一米八的高个子,令人想起远航的帆船,在T台上航行而来,裙边随着她的步子飘动。

克劳斯的优雅,在于她很清楚自己走T台的原因:来展示这些衣服,放飞人们的想象,用她的温暖、诱惑和一种专门为你而走的感觉,来吸引观众;还有,要留下美丽的照片。所以她同时也是在为台边的摄影师们而走。接近摄影师聚集的正前方时,她总会更放松一些,来到特定的位置就停下,任闪光灯一阵闪烁,眼中带着渴望,双肩微微摇摆,再过渡到圆润的臀部。接着,她会再给摄影师们摆个新姿势好拍照,就预示着要开始转身往回走了,眼神也会一直看着相机。这也是她成为摄影师宠儿的原因之一。

就像舞者足尖旋转时目光永远聚焦在一处,克劳斯的眼神长久停留在镜头前,直到她不得不转头看路,走向T台的另一边,终于消失在人们的视线中。

克劳斯之所以在T台上占尽风头,不仅是因为她行走时的轻松

---

[1] Carolina Herrera,纽约时尚品牌,是以创始人本人的名字命名的,简称C.H.。

自在，还有传达出来的那种情绪。她的眼神从来没有冷漠无趣，不会有那种"我什么都不在乎"的高傲。克劳斯向前走来，眼中闪烁着"解语花"的光芒，微微收一收下巴，让灯光从颧骨上照到别的地方，接着如同潜行的美洲豹，目标明确地对准闪光灯。

"我很喜欢她的走秀，"我在后台问起海莱娜对克劳斯的评价，她大加赞赏，"她走起路来像一只猫。我真喜欢她的步态。对我来说，这比美貌更重要。"

步态是很个性化的东西，是行走的签名，从步态中我们能看出很多东西。

古罗马史诗《埃涅阿斯纪》（*Aeneid*）中，维吉尔（Virgil）写道，维纳斯伪装好去见儿子埃涅阿斯，后者完全没看出来。狡猾的妈妈可真棒啊！不过，等她转身离开时，却露了馅儿：

> 说完，她转身离去，露出
> 那光辉的颈项，与凌乱的长发，
> 从肩上垂下，散落在地。
> 美妙的芳香四处飘散：
> 沿着长裙曳地轻柔滑落。
> 那优雅的步态，恰恰让爱之女神露出了真面目。

聪明的维纳斯，改得了装扮，甚至可以伪装声音，但动起来的样子却无法掩饰。维吉尔作为历史上最伟大的诗人之一，没有过多地去写细节，全都留给我们去尽情想象。他提出的问题想象起来是多么美妙啊：这永生的女神，走起路来是什么样子呢？

一定比任何女人都更庄严，更令人迷醉，会让你的目光情不自禁地跟随着她。也许是那种神秘而飘逸的城堡走廊上的滑行，就像1946年，让·谷克多（Jean Cocteau）的电影《美女与野兽》中，美丽的贝儿那样的行走。画面是朴实的黑白，却像被某种魔力渲染，充满了荷兰画家维米尔的那种光亮与超凡脱俗的感觉。

也许维纳斯拥有多洛莉丝（Dolores）那种令人痴傻癫狂的庄严。多洛莉丝曾经是一名模特（在她的时代，T台上的模特们很多都非常优雅，并不可以去显示什么个人态度），1917年齐格菲歌舞团（Ziegfeld Follies）的歌舞女郎当中，她的步态是最令人心醉神迷的。这位女郎身高超过一米八，在齐格菲歌舞团的表演中，别的女郎排成一队走了过去，多洛莉丝就独自在舞台上信步闲庭，孔雀戏服的羽毛在她周围舒展开，如同围绕全身的光环。这个场景一直被誉为齐格菲歌舞团最引人入胜的单人表演，即使在该歌舞团那么多精彩炫目的效果中，依然给人留下非常深刻的印象。有些表演可能持续四小时，异域风情的舞者们曼妙起舞，舞台上各种错落的层次，有时候甚至会搬来前进的军舰。然而多洛莉丝，以一种简单的优雅而出类拔萃：这是一个完全冷静自在的女人，穿着魅力无限的戏装，慢慢地、稳稳地，走出自己的好步态。

她的步步生莲，在演艺界的历史上一直令人念念不忘。半个多世纪过去以后，还有人学着多洛莉丝的样子，戴着孔雀的羽冠，模仿她的步态，出现在1971年斯蒂芬·桑德海姆（Stephen Sondheim）[1]歌舞会上。

一个人怎么走路，能透露很多信息。所以保罗·泰勒（Paul Taylor），这位全世界最出色的现代舞编导之一，在选择舞者的时候，第一件事就是让他们走几步。

"光看他们走路，我就能淘汰一半的人。"我们坐在他位于纽约下东区的工作室总部，他一边对我说，一边随意地挥挥手中的烟，"他们要么过于自信，要么缺乏自信，要么就只是奇怪笨拙。从走路的姿势能看出来很多东西的。"

他带着挑剔的眼光去观察这简单的臀部运动，以此编了一台名为《秃鹫的盛宴》的舞蹈，2005年公演，极大地嘲讽了前总统小布什，包括他的那条红领带。

"乔治·布什的步态，透露了他的真面目，"泰勒伸手戳着空气说，"他特别想装出一副军人的气质，但是却毫无经验。完全是个冒牌货。"

---

[1] 美国著名音乐剧、电影音乐作曲家及作词家。

布什的步态很僵硬，很不自然。肯定有人嘱咐过他手臂要多摆一摆，因为你很容易就注意到这一点，两条木桨一样的胳膊有节奏地进入你的视线，真是用力过猛了。

优雅的步态能让人的身体进入自然而然的平衡。脚步踩得稳，身体的重量就消失了，变得飘逸轻盈。气沉丹田，上半身非常轻快愉悦。双臂不应该成为引人注目的焦点。

这些东西为什么这么重要呢？因为优雅能唤起别人的信任。和谐的行动能让你的身体呈现轻松与信心，不管你是聚会上的加里·格兰特，还是走在白宫草坪上的美国总统。让自己优雅起来，平息所有质疑你能力的声音。然而，仅仅是做这么基本的运动，布什都显得那么不自在，难道还能把一个国家的命运放心地交给他？他看上去总像是在演一个总统，而不是全心全意地去做一个真正的总统。表演就从他的步态开始。特别刻意地做出硬汉一样的昂首阔步，好像裤子里藏着个魔鬼（他的心中也存在着自我怀疑的魔鬼，或者琐碎无聊的谎言）。

最令人叹服的沟通者，看上去都是镇定又自信的。一眼就能看出，他们与自己相处得很舒服。比如约翰·韦恩。这位演员身上自带一种慵懒的冷漠，这是他硬汉魅力的关键。你看着他，就会明白，他不会主动挑衅你，但你要是去挑衅他，一定会后悔的。

韦恩很了解戴着假面具做人的风险。他很后悔在一部失败的电影《征服者》中扮演了那个戴着裘皮帽，满脸大胡子的成吉思汗。他说从中得到的教训是:"不要逞强去扮演不适合你的角色,把自己弄得跟个笑话似的。"这是来自一名牛仔的智慧,很多人都应该好好想想。

要是乔治·华盛顿没有那充满男子气概的步态,他还能成为美国之父吗?在他的时代,美国这片殖民地蒸蒸日上,大家充满信心,也对礼仪的艺术兴趣渐浓。随之而来的就是对一个人步态的欣赏。华盛顿的身体动作充满超凡的磁性,他不仅外表高大帅气,一举一动也是典范中的典范。"他的动作和姿势都很优雅,步态庄严生威。"华盛顿二十六岁时的一名同僚写道。

无论他用身体做什么,都会吸引人们的目光。因为一米八几的身高,在那个男人普遍个子比较矮的时代,华盛顿简直是鹤立鸡群。高个子其实动起来不容易好看的,比如身高一米九几的亚伯拉罕·林肯(Abraham Lincoln)。在颇有见地的历史著作《林肯与劲敌幕僚》(*Team of Rivals*)中,多丽丝·卡恩斯·古德温(Doris Kearns Goodwin)说林肯佝偻的站姿和笨拙的步态"给人们一种印象,他那瘦长、憔悴的身躯需要涂点润滑油……他抬脚的时候,不是从脚尖逐渐抬起,而是整个脚一起抬;落脚的时候也不是后跟先着地,而是整只脚重重地砸在地上"。华盛顿则不一样,体态和谐,优美如运动员,而且总是昂首挺胸。他整个人像一座雕像,加上熟谙马术和剑术练就的轻盈体态,让见过他的人都过目难忘。托马斯·杰弗逊(Thomas Jefferson)说他是"同时代最优秀的骑手,也是马背上最优雅的身影"。华盛顿去世八年后,约翰·亚当斯(John Adams)

带着淡淡的嫉妒和有些明显的嘲讽写了一封信，列出这位前总统被美国公众视为英雄的原因，其中就有华盛顿的"优雅形态"和"行动起来的优雅态度"（不难想象，身体笨重，性格暴躁的亚当斯是多么渴望这种气质），还有他"良好的自我控制"以及"超凡的镇定沉重"。

这些品质不只是给人留下深刻印象，还具有一种道德上和政治上的重要象征意义。由人民来管理的国家所需要的领袖，应该是自我管理的典范。亚当斯实在看得准，一眼就看出华盛顿的自我控制天赋，这些在他身上体现得很鲜明，比如他掌控自己情绪的能力，和别人的互动，那种思虑周全、镇定沉着的气质；用那双迷人的蓝眼睛认认真真看着你的样子，无不令崇拜者心旌摇曳。所有这些所形成的优雅，激励和鼓舞了整整一代叛逆的年轻人起来建设新的国家。英国巴不得把他抓起来处以绞刑，然而他通过自己的努力，拥有了一种贵族的性格和气质，让世代尊贵的英国王室都黯然失色。华盛顿用自身的例子，鲜明地表现了民主的优势。

甚至在当上总统之前，华盛顿温文儒雅的礼仪就是出了名的。殖民地时期的美国人，大多认为好的行为礼貌就代表着高尚的道德，而华盛顿这种能从耶稣会手册上抄录道德准则的投入状态，在他的时代也不算少见。他抄录的110条《礼貌行为准则》中，第一条就是"和别人在一起时，言行举止要尊重对方"。还有一条，"身体的姿态要与所谈论的话题相宜"。他把这些话真正牢记于心，并且随着年龄的增长以及后来从军的经历,又补充了一些智慧。而这些准则竟然来自一个农民家庭,他曾在家中弗吉尼亚的庄园努力工作过。1775年,未来会在《独立宣言》上签名的本杰明·拉什(Benjamin Rush)写道,华盛顿的"行为举止充满了军人的尊严,即使混在一万个人里,你也能一眼看出他是军人,是将军。欧洲的任何一位国王,站在他旁边,也会如男仆一般相形见绌"。

华盛顿的领袖气质浑然天成,无须扮演。

比起小布什,巴拉克·奥巴马入主白宫的步态,就更为流畅,更为优雅。他轻快的大步流星像个运动员,一开始的时候,他周身洋溢着镇定自若的尊严。他强烈的自我如同舞台上引人注目的明星,吸引了所有人的注意。现在他依然有着那种缓缓的步子,只是姿势没那么昂首挺胸了。步态略显沉重,有点疲乏,不太轻松。近几年他变得越来越紧张,越来越冷漠,越来越疏远了,也不如从前优雅了。你看他对着人群讲话,或者在晚宴午宴之类安排好的场合下与别人交谈,虽然这些互动都是为了交流沟通,还是能看出总统先生在细微之处有点力不从心。虽然他在这些场合依然努力显得很健谈,你也看得出来他有所迟疑,总是避免直视别人的眼睛。他只是敷衍地扫一眼,然后就垂下眼睑,眼睛看着别处,盯着自己的盘子,或者放空,一边谈着话,不知道他的心还在不在这里。

这让他整个人显得很飘忽。让人感觉他没有真诚地参与进来,就像比尔·克林顿一样。作为总统，平易近人可能带来风险，照着稿子或者提词器念要容易多了。但是，如果你能顺畅地处理突发事件，更能让人们觉得你在镇定地掌控着全局。奥巴马需要明白，他那么努力地去避免犯错，反而让他整个人变得僵硬、无聊，不那么讨公众喜欢了。

承认错误能展示你人性的一面。相比把自己藏在完美的面具后面、承认人非圣贤孰能无过反而更为优雅。也许乔·迪马吉奥也会同意这个说法。瑕疵也能变成魅力。我们喜欢有缺点的英雄，只要其身上英雄的光辉能盖过缺点（巴比·鲁斯的比例就掌握得恰到好处。兰斯·阿姆斯特朗则配比出错）。

完美很无聊。人性才有趣。

"当然了，行为举止是最重要的。"午宴上精彩一舞之后，和我共同进餐的丽塔·莫雷诺（Rita Moreno）对我说。她举了个例子，在《西区故事》中扮演她男友贝尔纳多的乔治·查克里斯（George Chakiris）。

"哎哟喂，"莫雷诺喊了一声，伸出手，仿佛在推开那些行为举止糟糕的男人，"只有他，能在舞蹈上和阿斯泰尔相媲美。因为他很优雅。看那场电影的时候，我眼里只有乔治。轻盈流畅说的就是他啊！他的脚就像从没沾过地似的。乔治做的事情已经超越了表演，他是在做人。"

乔治现居洛杉矶，在做珠宝生意。她不时跟他见个面。"那个瘦老家伙，还几乎每天都去上芭蕾课呢。"她说。

十年前，莫雷诺在伯克利的大师班饰演著名歌剧演员玛利亚·卡拉斯（Maria Callas）时就说过："我必须要为她寻找一个行动的风格。我完全不熟悉那种永远活在公众目光中的女人。展现她的气质，必须要突出行为举止，下巴和脖子都要抬得高高的。"身材娇小的她向上舒展身体，脖子如同一朵长茎玫瑰。

莫雷诺仔细研究了卡拉斯的影像资料，好准确地把握她身体的特点。为了让我更好地理解她的意思，她非常正式地站起来，转动着身体，优雅得像女王。"她的体态永远是完美的。如果要弯腰，整个身体都会弯下去。"

"舞者也是这样动的，整个上半身一起动，"她说，"绝对不会垮掉，永远不会垮下去，永远不会，就算筋疲力尽也不会。"

看人们走路的样子，是我闲暇时最喜欢做的事情。心中那个舞蹈批评家和作家此时总是蠢蠢欲动。我看着邻居从我眼前漫步而过，心里总会想，她讲述了什么故事呢？每天清晨，我走到街那边的游泳池（说实话，早上可真不是我最优雅的时候，我当时的步态绝对会让人一眼看透：这人不爱早起！是强撑着起来的）。路上，我常常见到一个年轻女人，带着那条逐渐老去的圣伯纳犬。狗狗走得很慢，垂着头，伸着舌头，是一只忧郁的狗狗。而主人也带着同样的情绪，没精打采地低着头,因为她的双眼都快黏在苹果手机上了。

手机正让我们的身体与优雅渐行渐远。这小小的机器毁掉了我们的体态,拉平了脖子自然的弧度。那些只顾看手机的"低头族"不只是在路上互相撞到之类的这么简单,他们屏蔽了周围活生生的人。然而,这个女人和她的狗却是优雅的一对。他们俩步调一致,都有一种缓慢的能量,走起来非常合拍,身体和谐地摇摆,达到了一种跨越物种的和谐。

我住在郊区,所以总是会开比较久的车去市场,去孩子的学校,去邮局。我总是很着急(谁又不着急呢)。而越来越多的,我在路上遇到的"绊脚石",不是信号灯和堵车,而是过街的人。

此时此刻,优雅就很重要了。

那天,我正在一个购物中心前停车。一位老人突然从两辆停着的车之间蹒跚地走了出来,泰然自若地从我车前走过去。他饱经风霜的脸上布满皱纹,一头蓬松的白发,背着一个鼓鼓囊囊的双肩背包,左右手都拿着一根滑雪杖。这儿与任何自然景观的步道都相距甚远,能看到他实在是太奇妙了。

我踩了刹车,与他四目相对。两人似乎都有点紧张不安,有点不确定。我招手让他过,他挥手让我过,我又挥手让他先走,他终于礼貌地点点头,露出和他那头银发一样灿烂的微笑,不再谦让。他的身体虽然瘦弱却那么庄严,看上去仿佛一只巨大的长脚蜘蛛,选了条路走过购物中心的车道,拿滑雪杖戳着柏油路。从我车前走过去之后,他潇洒地半转过身,再次朝我微笑致意。啊!我特别喜欢他最后那个轻轻的致意,那么绅士,那么机智。这优雅的际遇让我整个人为之一振。

城市规划者在路上画了越来越多的人行横道,这是一件好事。汽车和行人也随之开始需要思考如何能"和谐共舞"。你可不想做人行道上的混蛋,但有时候你就是。这就是需要宽恕的天赋了。

"别挡人行道。"一天,我丈夫和我在住的片区驱车遇到红灯,突然听到街角传来一个柔软的声音,是唱出来的。

歌声的来源其实并不令人惊讶。我们住的这个小镇充满生活气息,虽然房子都修得很维多利亚,但是配色很有创意,里面住的都是些绝不传统的思考者。一直以来,这里的住户都有很多作家、艺术家,以及各种离奇古怪、鱼龙混杂的人。我们缓缓经过熟食店时,其中一位就站在人行道上。他看上去面相不善,秃顶光头,五短身材,穿着一件白色的汗衫,白色的运动短裤,趿拉着一双皮凉鞋,白色的长袜快要拉到膝盖上了。他把一摞报纸紧紧抱在胸前,注视着我们走过去,那种遥远冷漠的眼神,好像几十年前迷幻药吃多了似的。

的确,我们压到一条白线了。留意到这个男人轻轻唱出来的警告,约翰把车往后挪了挪。"不好意思,哥们儿。"他亲切地对那人说道。

"没关系。"那个人依旧用歌声回应，还是不跟我们发生眼神接触。但却用很可爱的方式感谢了我们，他手掌相对，夹着报纸，来了个瑜伽特有的致意。经过我们车前的时候，又朝我们挥了挥手，脚步舒缓跳跃。那合十的双手与趿拉着皮拖的双脚处在和谐完美的韵律中。这轻柔的声音和柔和的体态，让他看上去像个隐匿在郊区的佛陀，挡住了一切负能量，散发着熠熠光辉。

他本可以对我们怒目而视，本可以大喊大叫语带讥讽，或者走过我们的车前，重重地拍拍车盖。我们也许还是会退让，也许不会。但要是他真的那样做了，我们这次偶然的相遇，就会变成彼此糟糕的回忆。而实际上，这场人行道上的相遇成为一曲美妙的恰恰，一个甜蜜的时刻，就因为这位心里有所不满的先生，采用了非常优雅的方式来处理，我们也随着他行事。

应该注意一下人行横道的，我们会因此停下等待，并且四处看看，花点时间去注意周遭的事物，并且进行思考。这是展示优雅的好地方。

旧金山有位歌手，同时也写故事和编舞，他叫乔·古德（Joe Goode），曾经给我讲过在人行横道上经历的优雅一刻。当时他就站在那儿等红绿灯。就在那一刻，他好像有种感觉，自己的整个世界失去了重心，可是有什么事情推着他往前走。他好像找到了人生的某种可能性。

或者说，是可能性找到了他。

古德一直想在纽约发展舞蹈事业。但进展并不顺利。艺术行业充满竞争，当时又流行着黑暗的讽刺风格，想把幽默和歌曲创作融入舞蹈作品中的古德感觉有些格格不入。他变得越来越抑郁。

那只是个普通的街角，但在他的讲述中，那个地方充满了神话色彩，两个世界在那里相遇：糟糕的当下与灿烂的未来。那是1979年1月，阴冷潮湿的一天，古德站在巴勒克街上等着红灯变绿，感觉自己浑身充满了沮丧、绝望和凄凉。然而就在这等待的当儿，他被新的想法照亮了。

"我突然就有了这么个想法：我可以开车去别的地方，"他告诉我，"这句话就那样一直召唤着我。我一直想着，啊，我不用待在这个地方啊。于是我就采取行动了。"

而且行动得很快。他买了辆车，直接开到要去的地方，接着开车去找搬去了基韦斯特岛的一个朋友，然后在岛上待了一阵子。古德最终继续这段旅程，向离纽约尽可能远的地方前进，最后在旧金山安顿下来，发现这里很包容他叛逆的精神。

几年前，古德以他在巴勒克街上灵光一闪的经历为灵感，编排了一场舞蹈。舞蹈的名字就叫《优雅》，舞蹈风格浪漫流畅，又穿插了舞者用肢体语言讲述的逸闻趣事，这一切看似普通，却能引起你深深的冥想和思索。最后，五花八门的餐椅漂浮到舞台照明设备旁边。你看着这些漂浮的椅子，会想：啊，优雅的轻松与奇迹，就在我的厨房里吗？为什么不能呢？

古德是个高大的男人，圆圆的脸很是面善，像个乡间的医生。说起话来也是音调柔和，有点懒洋洋慢吞吞的，正是家乡弗吉尼亚的特点。他准备去马里兰郊区的美国舞蹈学院进行一场排练之前，我跟他谈话，穿着法兰绒衬衫的他怀抱着一只有些躁动不安的小腊肠犬。这狗和他形影不离。

他又说起那个潮湿的冬日，突然降临的那种灵光，仿佛优雅显灵，彻底改变了他的一生。讲述这一刻的古德，变得异常平静。他的爱犬和我都感觉到了这种情绪，狗狗用头蹭着他的肘弯，闭上眼睛，心满意足地打起鼾来。

"那个时刻，我心中充满感恩，为这突然的神启而感恩，"古德无意地轻抚爱犬的耳朵，"我记得那天的一切细节，但记得最清楚的还是那种感觉，就是我可以另辟蹊径。我觉得那一刻，非常非常优雅。"

第四部

人生因优雅而从容

第十一章
压力之下的优雅

坚硬嶙峋的石块上,寻不见生机。要让自己成为大地。

让自己融入,那么你的所在,便会有野花盛开。

——鲁米[1]《心中的秋日》

"获得奥斯卡奖的是……詹妮弗·劳伦斯!"台下,穿着一袭浪漫粉色丝绸抹胸礼服的二十二岁女演员目瞪口呆,她的震惊看上去如此真实,让我们顿时喜欢上了她。

接着,上台领奖的路上,她一不小心跌倒了,脸朝下栽在那宽大的裙摆中,此刻我们更是爱上了她。

---

[1] 莫拉维·贾拉鲁丁·鲁米(Jalaluddin Rumi,1207—1273),波斯诗人,苏菲教徒,也是该教派的领袖人物。写了很多神秘主义与禅修的诗作。

2013年奥斯卡颁奖典礼现场，台下的观众们都站起来给予她热烈的鼓掌。

"你们站起来只是因为我刚才跌倒了你们觉得不太好，真是太丢人了，但是谢谢你们。"劳伦斯抓住话筒，来了个大喘气，刚才那一路，可能是她一生中感觉最漫长的一段路了。但是她以无可挑剔的镇定和自嘲的态度，把尴尬的跌倒，变成一次巧妙的"加里·格兰特"式优雅瞬间。

优雅，就是这种转化的行为，将普通的一刻转化为某种卓越的东西。最明显的就是在公众场合跌倒，原本镇定的面纱被突然扯下。但镇定真的一定会荡然无存吗？不管是说真正的跌倒，还是那些让我们膝盖打闪的大事，优雅都能让我们从容地应对生活中的突发事件，任何时候保持轻松、平静与勇气。

我觉得詹妮弗·劳伦斯这一跌倒，就非常令人着迷且鼓舞。这一切就是一场精彩的好戏。从她听到自己名字那一刻起，那大张着嘴，完全正经的反应，到她扯了扯抹胸裙的领口，确保自己不会在直播节目中遭遇衣服走光的尴尬情况。

但接着她还是遭遇了尴尬。我好喜欢那一刻，她跌倒之后，完全平趴在台阶上，时间停滞了。她整个人埋在地毯上，似乎重压之下已经放弃。肩胛骨抽动几下然后松垮下来，抽出一只手捂住脸，光看她的后脑勺，也能看出她上气不接下气。

但接着她振作起来，这也从背影就能看出，背部的肌肉微微抽动,看得出她下定了决心,背脊挺起来了,开始化解这尴尬。她整个人仿佛在倒放"奥菲利亚落水"[1]那场戏:那层层叠叠的大裙子一开始把她拉入水底,但接着好像又托着她浮出水面。劳伦斯站起来,继续走上舞台,这可真是压力之下优雅的完美体现。此时此刻,这条礼服裙再也不是拖住她的船锚,而是胜利的风帆。

如果把优雅比作一场瑜伽,那么重点就是在练习,完美并不重要。

跌倒会引起情绪的反应,所以编舞的人总喜欢故意在作品中穿插一些跌倒。这个动作既脆弱又蕴含着勇气。马克·莫里斯(Mark Morris),这位世界顶级的现代舞教练之一,曾经根据一部艾美奖得奖影片,创作了一部名为《从台阶上跌倒》的舞蹈作品。马友友(Yo-Yo Ma)担任大提琴伴奏,配乐是约翰·塞巴斯蒂安·巴赫(Johann Sebastian Bach)的C大调无伴奏大提琴第三组曲。这场舞蹈的开篇实在是无比戏剧性又无比优雅:所有舞者从一串台阶上跌跌撞撞而下,几乎是喷射在舞台上,如同从岩石上奔涌而下的流水。天鹅绒长袍在身后高高飞扬着。

我在后台看过那些长袍,设计师是艾萨克·麦兹拉西(Isaac Mizrahi)[2],看上去有点像那种宽松的合唱团长袍,用的天鹅绒料子

---

1 出自《哈姆雷特》,女主角奥菲利亚的结局是不幸落水淹死。
2 纽约著名时装设计师,拥有同名时装品牌。

是我见过触感最柔软最舒服的。衣服的剪裁就是为了展现身体的律动，特别是下肢部分的剪裁。根据我的理解，莫里斯是把这些舞者看作人间的天使，从天上翩然降临，摇曳着宽大圆润的裙摆，象征着他们的力量，他们人性的本质，也正是这种人性，昭示着最神圣的东西。

任何跌倒，任何令人有些羞惭的时刻，都存在从死去到重生的过渡。俗话说："骄傲之后必跌倒。"是啊，跌倒的时候，骄傲的确荡然无存，但有新的东西来填补这个空白。在那些重新站立起来的最优雅的人中，新的东西就包括了清晰的思绪、坚定的决心和对自我控制的深入挖掘与认识。

我曾经看过一场芭蕾舞表演，舞者们全都小心翼翼，展露着刻意为之的完美，真是让人昏昏欲睡。主角在舞台中央跳独舞的时候，完全没有全心全意投入舞步之中，而是特别纠结于自己的技术是否完美。接着，不知道出于什么原因，也许她终于感觉热了身，也许公演之日独挑大梁的紧张逐渐消失了，她似乎一下子惊醒了。带着激情，她跳跃转身，没能踩准位置，像被伐的树木一样跌落在舞台上。还没等观众发出惊叹，她仓促地站起来，接着奉献了让人难以忘怀的精彩表演。

最好的舞者也偶尔会滑落跌倒，但这位舞娘的跌倒竟令我血气上涌。上一次看到这么惊心动魄的跌倒，还是在地铁站，一个中年男人突然晕倒，重重地摔在站台上。我想，支撑那舞娘站起来的，肯定有一时激动的肾上腺素，但应该还有一阵强烈的责任感。这场跌倒让她感觉谦卑，弥补跌倒的巨大挑战也让她谦卑。接着，和詹妮弗·劳伦斯一样，她接受现实，重新站了起来。

要是有人觉得芭蕾舞娘精致又挑剔，那需要三思：这位芭蕾舞娘的表现，就像在橄榄球场上只剩六秒钟，又要打出决胜球，此时此刻，什么都无法阻挡她。

她之所以跌倒，是因为那个转身有点太过华丽。她冒了险，接着用优雅迅速解决了冒险的后果。这是观众们不会忘记的一刻。

滑落，跌倒，承认自己的失败和弱点，这些事情让我们和周围的人更亲密。心理学家称之为"失态效应"。约翰·费茨杰拉德·肯尼迪就经历过。1961年，猪湾事件让他信誉大跌。一开始本来是计划推翻古巴领导人菲德尔·卡斯特罗（Fidel Castro），结果却以灾难收场，空袭不成功，战舰沉没，飞机被击落，超过一百人牺牲。这场失败成为肯尼迪政府的败绩，但肯尼迪优雅地承认了错误，并且主动承担责任。结果是，他的公众欢迎度提高了。当他告诉全世界，自己也会犯错误，但是可以承担这羞辱的时候，人们更喜欢他了。他不再是万众敬仰的神（也许这种敬仰中还掺杂了愤恨，一个太过高高在上的人总会引起这种情绪），而是普罗大众可以亲近的人。

玛莎·里夫斯最近在一次表演中就跌倒了，而正是将近五十年前马克辛·鲍威尔的"优雅课"，让这位歌手重新站了起来。

"她教我们如何放松身体，不要紧张，因为那种紧张会挣破什么东西，"73岁的里夫斯告诉我，"我跌倒了，却没有弄伤自己，这要归功于鲍威尔夫人的训练。"

当时她是在纽约的一场义演中献唱，唱的是《街中漫舞》这首德拉合唱团的成名曲，也是20世纪60年代歌颂自由恋爱的代表曲目。里夫斯穿着一件闪亮的晚礼服，随着乐器的节拍晃动，一边不时敲打着臀上挂着银色的小手鼓。舞台是伸展式的，她跨了几步，被一根电线绊了一下，跌撞几下，翻滚几圈，平躺在地上。

"当时肯定会跌倒，毫无疑问的，"这位舞台经验丰富的歌手说，"但是别人教过我应该怎么跌倒，一下子全想起来了，这样我才没感觉尴尬。"

有人把这一段录下来了，发布到视频网站上。尽管站都站不稳，里夫斯还是紧握话筒。"我要继续前进，没什么可以阻拦。"里夫斯对着麦克风说，她周身散发出无与伦比的镇定与沉静，伴舞的演员扶着她站了起来。

"跌倒了——"她继续说，这里小小地停顿了一下，营造了很棒的效果，"你就站起来。"她的确站了起来，挥舞着小小的手鼓，如同一轮欢笑的满月。她恢复了之前的步态，继续随着旋律唱起歌。她的脚步甚至比之前还要轻盈，继续昂首阔步地走在舞台上，露出迷人的微笑，臀部欢快地扭着，天真烂漫如孩童。

第十二章

养成令人怦然心动的优雅气质

> 众所周知,做好一件难事需要非常巧妙,所以,能够从中协助,就能唤起最伟大的奇迹。
>
> ——巴尔达萨雷·卡斯蒂利奥内《廷臣论》

走进这个国家古典文化的圣殿,你能看到平衡的优雅,看到那些看不出明显着力的技巧,就在四面墙壁上所展现的优雅之中。此时此刻,我就站在国会图书馆大礼堂之中,四周全是艺术宝藏,头顶恰恰就是美惠三女神的肖像。

当我初次注意到这三位年轻的女神从高高的墙壁上望着我时,就有种很强烈的违和感。她们三个的打扮太整齐了,戴着假髻,身着长袍。这是美国艺术家弗兰克·韦斯顿·本森(Frank Weston Benson)在19世纪90年代的作品,画家本人也是以为东北部上流社会人士绘制肖像著名。他画笔下的三女神，微微带着点紧张和拿腔拿调。

和别的远古神仙不同，她们没有赤裸身躯，没有微笑，也没有互相触碰。她们甚至不算是在一起。每个人都仿佛被封印在自己的框架里。穿着清高贞洁的纯白衣裙，像身材颀长的女祭司，高高在上地望着我，仿佛新英格兰地区初入社交界的贵族名媛，居高临下地打量我，让我不由自主地浑身发冷。

本森似乎觉得她们还显得不够高贵，又加了点清教徒的元素：音乐女神手持里拉琴，美丽女神手拿小镜子，而优雅女神则挥舞着一把牧羊杖，象征着认真负责的工作态度。我从图书馆指南中读到，准确地说是象征着"务农和耕种"，听上去就带着勤俭与自我约束的弦外之音。优雅女神可不赞成享乐主义的懒散啊。

我仔细想了想这个问题。虽然清教徒交易比较正统和严苛的方面好像与我关于随和开放即优雅的观点产生了激烈冲突，强烈的职业道德感倒也是优雅的重要支柱。事实上，加里·格兰特最突出的特点之一，就是勤奋工作。

我到国会图书馆来，主要是为了弄清楚格兰特身上的优雅气质究竟从何而来。我也越来越意识到，不管这优雅有多少是内在的（比如身体的协调，遇到问题的条件反射），更有很大一部分是经过努力得来的。我离开宏伟幽深的图书馆大礼堂，穿过迷宫般的走廊，来到安静得如同教堂的主阅读大厅，大理石的圆顶周围飘飞着天使，让人仿佛置身天堂。

但我心里要寻找的东西没这么虚无缥缈。很快一位图书管理员就帮我找到了想要的书：一本显然常常被翻阅，书页都有些残破的《轻歌舞剧入门全图解》(*How to Enter Vaudeville: A Complete Illustrated Course of Instruction*)。1931年出版，作者是弗雷德里克·拉德尔（Frederic La Delle），拥有三十年舞台经验的轻歌舞剧演员。他评价自己的表演，是"多年积累起来的经验，综合了原创性、小智慧、多样的才艺与吸引观众的表演技巧"。我想，这其中也综合了尊严和体面，因为他最想表达的，就是这个职业彻头彻尾的庄重。他这本书实在是轻歌舞剧表演（包括射击飞镖，滚筒跳跃，等等）的百科全书，但同时也是一本在世为人的礼仪书。台上台下、排练当中、走在路上……整个职业生涯中，你如何言行一致。在这样一个快节奏，充满竞争，总是无比忙碌，物质奖励转瞬即逝，但是快乐可能十分充足的圈子里，如何与自己、与他人相处。

拉德尔这本轻歌舞剧手册，其实是一本人生的行为指南。

我也不知道格兰特是否看过这么一本书，但说字里行间蕴含着他十几岁时就逐渐掌握的技巧和哲学，实在一点儿也不为过。那时候，在娱乐业，你取得的进步并不关乎作为一个艺术家的需求，成功来自恪守自律与不停歇的工作。

"表演这个行当需要的特殊才能，并不比别的行当多。"拉德尔在第一页就如此宣称，旁边就是他自己的一幅画像，高高的领子，系着领结，穿着三件套的西装。表演需要的是练习，是要比竞争对手"做得更好"的动力。当然还有汗水。拉德尔用充满魅力的笔法，将从这一行中获得的收获，描写成一种令人欢愉的、可以转化的优雅。而任何这样的收获，只能靠时间和辛劳来获得。"表演这一行，你为人类的欢乐和自己的欢乐付出了多少，都会收到公平的回报。"

这位表演艺术大师所揭示的道理，就是他这一行没有奇迹可言。随时随地保持敏感，关注别人的反应，带着轻松和自然进行表演，这些职业技巧也是优雅的基本原则。轻歌舞剧演员们学习这些技巧，时时刻刻过着这样的生活，辛苦排练，重复联系，整日忙碌辛劳。如果发现表演气氛不对要救场（此时正需要压力之下的优雅），就必须有种完全活在当下的创造力。容不得任何走神。就像障碍滑雪者随时随地需要对眼前的情况做出反应。

正如《轻歌舞剧入门》中所说：学习如何让每一个动作都完美而自然。

现场表演需要演员调动全身的肌肉。在这样一个世界里生存，恰恰让格兰特、金吉·罗杰斯、弗雷德·阿斯泰尔与其他好莱坞黄金年代伟大演员到今天都灵魂不灭，显得那么温暖，那么鲜活。

歌舞剧《礼帽》中，阿斯泰尔追求罗杰斯，唱着厄文·博林轻柔活泼的《可爱的一天》（又名《困在雨中》）。注意看罗杰斯注视阿斯泰尔的样子，她的双眼如何着迷地望着他，脸庞怎样逐渐地明亮！无论从哪方面来评价，罗杰斯都是最为优雅的尤物，当之无愧。她跳起舞来，那种丰富的情感反应，在别的任何舞者身上都很难见到，更别说电影演员或别的什么人了。正是如此，她成为阿斯泰尔这个冷冷的完美主义者的黄金搭档。在有些场景中，就算她没有台词，只是在倾听，身上那种情感反应也展现得淋漓尽致。但她不仅学习了如何跳舞、唱歌、表演轻歌舞剧，还一直保持着一种冷静清醒和职业道德，出演了七十三部影片。这种品质在脆弱自我与挑剔缺乏安全感的好莱坞，显得尤为可贵。这也是一种优雅，因为会让所有人都觉得更轻松。

轻歌舞剧演员们是很忙的，表演完了一场，就要像游牧民族一样挤进车厢，马上赶往下一场表演，取悦新一批观众，迎接新的突发状况和即兴演出。这样的生活，哪有时间让你任性呢？

与今天的好莱坞、百老汇或者明星界不同，轻歌舞剧演员们的生活充满挑战和艰辛。歌舞剧表演是个体力活，漂亮的脸蛋比不上你对身体的掌控度。表演者必须懂得怎么动，还要和别人保持和谐。他们深谙韵律与时间，行动和反应，也能力高强，能够在掀起整个剧场高潮的同时彼此协调默契。他们的步法必须充满思想，无论遇到什么也要上台演出，把观众每分每秒的注意力都填满，必要时还要即兴表演，适应突然的安排变化，从这个小城巡回到下一个小城，在旅馆洗衣服，把敏感的自我抛在脑后。

拉德尔的书后面有一章标题是《如何取得歌舞剧表演的成功》，把这一章放在尾声部分，说明要经过艰苦的学习，并且掌握社交上

的优雅,才能得到成功。他的字字句句也适用于今天,不仅是歌舞剧表演,还有美国铁路公司专设的"安静车厢"、地铁与办公室:

> 有些演员,到火车站上了火车什么的,就马上想吸引别人的注意,高调地说话,像在表演脱口秀似的,或者炫耀自己在什么什么地方又倾倒了众生……真是没有比这更恶心的事情了。非得通过这种方式让车厢里的其他人知道,他们是演员……随时随地,你的行为举止一定要配得上淑女或绅士的称号。在剧院的时候这个建议也同样适用。要知道,经理们知道后台发生的一切,就算他们从不到现场来。我看过好几场技艺平平的表演,就因为演员们绅士和淑女的行为举止,获得了不错的反响。

格兰特就总是保持着敏感,留意着与他搭档的演员,也留心着观众。这种对于他人的敏感,让旁人觉得有人懂得自己、支持自己、关心自己的品质,可以追溯到他做轻歌舞剧杂耍演员时获得的细致与专注,是他练习轻歌舞剧表演时下苦功得到的回报。

第十三章
优雅不设限

如果你用加倍的耐心与细心去做任何事，都会收到加倍的回报。

——泰奥菲尔·戈蒂耶《艺术》

钢琴师正在演奏《屋顶上的小提琴手》中节奏铿锵的曲子《传统》，大家忙着踢腿。这里是马克·莫里斯舞蹈团（Mark Morris Dance Group），美国最繁忙也最受认可的现代舞公司之一。每周，他们会在总部开一次舞蹈课，让帕金森患者们参与进来。这个班很多学生都是老人，有些来的时候还拄着手杖，扶着步行器，或者开着电动踏板车。然而，上课和别的舞蹈课并无不同。一开始我们做的是小幅度关节热身动作。（我本来想只是旁观的，但现在只得脱了鞋子，努力跟上节奏。这个班的规矩就是这样，来了，就得跳舞。）

大家围坐成一圈,有的坐折叠椅,有的坐轮椅。两位讲师面对面坐在中间,这样大家就能从正面背面好好观察要学的动作了。

我们先是在空中写自己的名字,把手高高举起,挥着戳着写出看不见的字母,背景是巴赫的音乐。接着我们加上标点符号,加大挥手的幅度,画着大大的圈,随着钢琴师的旋律哼着"我的邦妮在海上"[1]。现在,响起了《屋顶上的小提琴手》中铿锵骄傲的曲子,节奏越来越快,坐着的我们手舞足蹈,一举一动如此到位如此自信,仿佛我们身在一个小小的俄罗斯村落,是个自古以来就一直能歌善舞的族群,正弘扬着祖先流传下来的传统文化。

嗯,几乎可以这么说吧。

一位身材纤细、双腿细长的女士坐不住了,她站起来围着教室轻轻穿梭跳跃。有几个要么动腿要么动胳膊,但不能同时协调起来。有位男士身子微微倾斜到一边,不怎么动弹,但是双眼一直跟随着别人的节奏,明显闪烁着快乐的光辉。事实上,每个人的兴致都相当高。有位年纪很大的女士,有些驼背,陷在轮椅中,到现在为止都没做出太大的反应,但也一直举着颤抖的双手,时不时地要握一握扶手。我们的动作越来越大,最后全身都摇摆起来,在教室里即兴地旋转,活像一拨拨的水母。

"如果我们把优雅看作分段、连贯、乐感、悬停,一个动作接着

---

[1] *My Bonnie Lies over the Ocean*,西方一首非常受欢迎的民歌。

另一个动作的结合,帕金森病人几乎不幸丧失了所有功能。"课后在一间没有人的舞蹈室,讲师之一的戴维·利文撒尔对我说,"我们就是想帮他们找回一些这样的感觉。"

帕金森病会影响人脑中负责神经传导的化学物质多巴胺的产生。多巴胺可以实现脑部不同部分之间的交流,从而控制肢体和感情反应,控制协调流畅连贯的身体动作。要是谁脑中无法分泌足够的多巴胺,就无法控制身体,从而出现颤抖、僵硬、失去平衡、迟缓等症状,通常会伴有漠然和抑郁的情绪反应。

利文撒尔过去是莫里斯公司的舞蹈演员,现在则是该公司"为帕金森而舞"(Dance for PD)项目的总监。这门每周进行的免费课程是专门为帕金森患者开办的。利文撒尔的声音很温柔很让人安心,大男孩般开朗的脸上有双淡蓝色的眼睛,瘦高身材。最重要的是,他特别有耐心,还有种安静而又勤奋的感觉。2001年,当地一个帕金森患者支持小组的负责人来到新开设的舞蹈中心,找人来为病人们传授舞者行动的秘诀,而利文撒尔身上这些品质让他成为不二人选。

一开始,这是一个试验项目。利文撒尔和舞者同事约翰·赫金博瑟姆(John Heginbotham)招了六个学生,每个人"能力"不同。一个学生走路拄手杖,另一个要借助步行器;所有学生都行动迟缓,而且记不住舞步。通过一次又一次的重复练习(这可能也是舞者最重要的秘诀),两人教会了他们用富有音乐韵律和表现力的方式滑步和转圈,让学员们的大脑处理复杂的舞步,产生对空间的认识。利文撒尔的课程与那些治疗练习的不同正在于此。那些练习的重点是力量和耐力，却不会把连贯流畅的优雅作为练习的目标。现在，每周都有几十个病人来上课，"为帕金森而舞"也开展到全美三十八个州和另外十二个国家。2014年出了一部很棒的关于这个项目的纪录片，片名是《捕捉优雅》(Capturing Grace)，就记录了布鲁克林地区的学生们为第一次公开演出所做的准备。选取的舞蹈是马克·莫里斯编导的片段，幽默中自带分量。纪录片的导演是公共广播公司(PBS)的记者、同样患有帕金森病的戴夫·艾弗森(Dave Iverson)。该片在世界各地的电影节上映。片中，利文撒尔说："我们的社会一遍又一遍地强调，有些人擅长舞蹈，有些人就别费那个劲了。我觉得这真是社会的悲剧。"

帕金森患者行动不便，可能会觉得这些症状让自己无法体验正常人类的生活，无法享受行动自如带来的最基本的快乐，也无法在团体中取得归属感。但"为帕金森而舞"的课程有力地说明了，优雅是每个人的权利。人人皆可成为舞者。人的精神会帮助你找到舞蹈的秘诀，优雅能够存在于任何人的身体之中。

利文撒尔会从最基础的东西教起。"很多人去做物理治疗，主要还是针对各类症状的，"他告诉我，"但能够如音乐韵律一般行动，能给人带来一种极大的满足感。所以，在这儿，我们就努力让艺术的精髓越纯粹越好。我们会让学员像舞蹈演员那样去思考平衡这个概念，把这看作相互作用的力量产生的动态行动：身体向上的时候，重心在往地上沉。这是舞者随时随地牢记于心的基础技巧。"想象举手投足的质量:你希望自己走路的时候,看上去是什么样子,又有什么样的感觉。不要去在意迈步这种太过具体的机制。这是舞者们努力去做到的。这不是一个功能上的目标,而是美学目标。所以利文撒尔以及和他共同教学的珍妮尔·巴里(Janelle Barry),一个爽朗年轻的姑娘,要求学生们的双臂要像天鹅的翅膀一样移动,仿佛身处《天鹅湖》的舞台上。如果你只是简单地让一个帕金森患者抬起手臂,那也是阻碍重重;而如果给他一幅容易想象的画面,让他去做,那也许就能消除这种阻碍了。

音乐也是一个强助。坐轮椅的娇小女性茱蒂,患有晚期帕金森以及失智症,他说:"对她来说,随着音乐拍手就是一件非常有积极意义的事情。她没有跳我们编的舞,没关系。她的精神在跳着呢。"

收效特别明显。一节课结束的时候,学员们脸上挂着微笑,互相聊着天,脸上散发着和喜欢的同伴一起进行了一场快乐运动的光辉。就算那些症状更多、行动更不便的学员,看上去都柔软了很多。

我问学员罗恩,他从这个课程中得到了什么。"一个机会,能够用和从前截然不同的方式去移动,"他声音轻柔,说话稍微有些迟缓,"努力去达到优雅的境界,真是非常特别的体验。"

卡洛女士告诉我:"我在这里真的觉得很舒服,我感觉自己融入了一个团体,和人们产生了联结。"

学员、老师以及对这个项目感兴趣的调研人员,都有卡洛说的这种感觉。教室里人与人之间的联结,真是让人精神振奋,和肌肉的放松与强健一样重要。整个教室都弥漫着这种氛围。但效果是很难量化的。优雅能用什么数据来表明呢?

"无形的东西是很重要的,但是要量化或者描写,是比较难的。"多伦多约克大学神经系统科学教授约瑟夫·德索萨(Joseph DeSouza)说。我在一个关于"为帕金森而舞"的现场直播讨论中听他讲了帕金森症和舞蹈,于是给他打了电话。他进行动作研究,也开始调研那些每周在加拿大国立芭蕾学院上课的帕金森病人的症状缓解情况。

对病人的好处实在太明显了,德索萨说,真想让医生给所有帕金森病人开处方时写上"去上舞蹈课",像开药一样。但要做到这一点,必须找到拿得出手的证据,说服整个医学界。"这个怎么帮助人们实现自我认知的转变呢?我们努力想得出一个定量方法,"德索萨说,"但还没有实现。"

不过他说,有一点很清楚,这个帕金森病人的舞蹈项目"是我职业生涯中遇到的第一件人们喜欢做的事。几乎没人半途而废,不管怎么样大家都会赶来。写关于这个论文是很难的。这是非常个人化的体验。但如果我们能够让人们从沙发上站起来,走出门,进入一个社区中心,或者学校,让他们真正去见证和感知这些无形的东西,那会帮助到很多很多人的。"

瑞秋·巴尔(Rachel Bar)是德索萨的研究助手,她毕业于加拿大国立芭蕾舞学院,在英国国家芭蕾舞团和以色列芭蕾舞团做过舞者,现在正在攻读心理学博士学位。"舞蹈能帮助人们摆脱疾病对身体的限制,这种巨大的作用真是让我吃惊。"她说,"我见过一些想动弹,但脚都迈不开的人。而音乐每一次都能奏效。看上去真是简单至极。他们说,'我要等音乐响起来',然后他们就自由自在地动起来了。真是让我惊喜。"

音乐的律动极富感染力(很多"为帕金森而舞"的课都会选择百老汇的经典曲目,这不是没有原因的)。音乐诱人的牵动,集体共舞的活动,所有这些都唤起植根内心深处对于玩耍和创造力的向往和快乐。舞蹈课程变成对自由的追寻,没人会觉得你是病人。而你得到的奖赏,就是做一件快乐的事所收获的美与光辉。这是创造艺术带来的收获。

苏珊·布兰登(Susan Braden)做任何运动都是一把好手:网球、垒球、跑步。她是外交政策专家,经常满世界跑。她帮助爱沙尼亚进入了北约;在波兰被授予爵位;她曾经在美国国务院担任希拉里·克林顿(Hillary Clinton)的高级顾问。她过去有个梦想,攀登乞力马扎罗山[1]。

但那一天,这个伟大的志向有所动摇。她和自己三个孩子中的一个一起跑比赛,突然觉得跑不到终点了。

---

[1] 非洲最高峰,素有"非洲屋脊"之称。

"我感觉双腿跟木板似的，"她告诉我，"真是匪夷所思。我连膝盖都弯不了。"当时五十二岁的布兰登被诊断患上了多发性硬化症，这种神经系统的慢性病，会让人感觉疲惫，肌肉无力、僵硬痉挛和疼痛。发病原因还不得而知，和帕金森一样，不同的病人有很多不同的症状。

得了这个病，布兰登不得不慢下来，人生中第一次去真正关注当下（是真正的当下）。随便一个不小心，她就会跌倒。皮肤总是会刺痛，就像全身都有蚂蚁在咬。她发现压力会让病症加剧。她还告诉我，多发性硬化症还会让她容易焦虑，心情低落，"刻薄烦躁，爱发牢骚"。

"一方面来说，真是让人崩溃，"现年已经五十九岁的布兰登说，"另一方面呢，竟然又释放了我，让我有了全新的人生观，而且丰富程度超出我的想象。"眼前的她就是个运动员的样子：体格健美，皮肤晒成褐色；不施粉黛；蓬松的短发；脸上挂着温暖的笑容。她走动起来很小心，双手都拄着拐杖。运动是不可能的了，于是她开始做瑜伽，做冥想。慢下来，关注内心，令她忘记了痛苦。不过有时候，精神上的好处可远远不止这个。在她随时匆忙无比的人生中，第一次能够允许自己做些舒缓身体和精神的事情，单纯为了这件事情带来的宁静，她辞了职。她现在每天的生活就是做园艺、去画廊，偶尔游游泳，或者在大自然中不紧不慢地徜徉，从而寻获了优雅。

"工作上毫无优雅可言，"她说，"很官僚。人人都在明争暗斗，经常收获一些精神垃圾，跟你如影随形。我是分析员，工作的时候经常就是不听我的就滚蛋，全部工作就是说服别人接受我的想法。现在我发现，看问题的角度有千千万万种。"

"优雅，就是了解你自己，"她继续说，"然后把这种了解转化到你和外部世界的联结当中。不管我愿不愿意，我这病都让我这样做了。"

为了帮助别人达到某种她寻找到的宁静，布兰登在一门为多发性硬化症病人开设的课程中，做了自己瑜伽教练玛利亚·汉布格尔（Maria Hamburger）的助手。一个严寒的2月下午，地上冰雪覆盖，气温也很低，我去乔治城大学医疗中心上课。一屋子的瑜伽信徒们虽然动作缓慢，却兴致高昂。有几个还在布兰登的帮助下，从轮椅上下来，和同学们一起坐在糖果色的垫子上。

汉布格尔身材娇小，却充满力量，周身有种自带的权威，却非常耐心。这个私人教练的身体里，仿佛住着一个精神助产士的灵魂。课程一开始，大家都吵吵嚷嚷的，她得像学校老师一样，让这群"孩子"安静下来。"我们着陆吧。"她说，"让我们闭上眼睛，深呼吸。"

"瑜伽，就是做到我们力所能及的动作。"她说。我们犹豫地舒展身体，做出下犬式。臀部朝着天空，手和脚撑在瑜伽垫上。

"今天的姿势，不是你过去能做到什么样，而是你现在能做到什么样。这里有光明,有美丽。"

我们盘腿坐着,转动着肩膀。"昨天我就这么做了,屁股从地上抬起来了。"一个叫比利的男人突然说,他可是班上的开心果,一双淘气的眼睛,笑起来像个魔术师,"我悬浮在半空中呢!"

"冥想过头啦,比利。"坐在他旁边的女士好心地说,就像个姐姐要拆小弟弟的台。

下了课,不怎么能走路的比利又坐到电动轮椅上,跟我讲了他痛苦的慢性病。真是很难相信他的遭遇。他那些轻松愉快的俏皮话让整个班的人从头笑到尾。这真是对我们所有人的恩赐,他自己也应该感觉很愉快吧。

克里斯蒂,六十六岁,拄拐走路,她跟我说,瑜伽做得越多,越觉得自己不那么笨重了。最近她去了亚利桑那州赛多纳的红岩峡谷地区远足,走的路程比过去远多了。

有些时候,布兰登还是会觉得走到街口都有点困难,但是她说:"如果你的世界相对狭小,那你能做的事情,就变得更为弥足珍贵。"

汉布格尔很同意。

"这个不关乎你到底有没有天赋,"她说,"优雅来源于挑战,来源于你的渴望、你的勇气。人们将自己的脆弱展示出来时,优雅才会诞生。"

"人生不如意十之八九,"她补充说,"优雅就是要与这些不如意狭路相逢。"

和那些好的舞者一样,艾米·珀迪(Amy Purdy)[1]有一双好腿。但她用这双腿所做的,远远超出了她的天赋。

然而,这双腿还是能立刻抓住你的眼球。珀迪双腿截肢,两条假肢支撑着她,带着非常具有迷惑性的轻松愉悦,参加了最近这一季美国广播公司的《与星共舞》比赛。她和搭档德里克·霍夫(Derek Hough)最后拿到第二名,仅次于本来就众望所归夺冠的奥林匹克花样滑冰金牌获得者梅丽尔·戴维斯(Meryl Davis)。

"我就跟你说吧,这个赛场上有一名神奇女侠!"节目评委之一的布鲁诺·托尼奥利(Bruno Tonioli)惊叹道。当时是那一季的第一集,珀迪和霍夫刚刚完成一场特别迷幻、特别巧妙的恰恰。两个人互相缠绕融合,多姿多彩得你想也想不到。扭屁股,紧张快步舞,对珀迪来说根本不在话下。毕竟,她曾经在 2014 年莫斯科索契残奥会的滑雪赛场上以强劲的实力摘得一枚铜牌。

托尼奥利此言不虚。珀迪生来就注定做"超级英雄",你看她浑身都充满力量、充满英雄的魅力。她那一双腿啊,从她那条漂亮的金边恰恰舞裤装里面不时露出来,微微闪着金属的光泽,脚的部分是肉色的塑料,有点"终结者"的味道,又有点像百货公司的假模特。珀迪这仿生学的双腿让她周身充满一种女性机器人的那种性感尤物的魅力。(也许这位谦虚的女孩儿不会觉得自己是个性感尤物,但是

---

1 国内已出版其作品《没有双脚,所以努力奔跑》。

"女机器人"这个标签是珀迪自己充满骄傲地说出来的,在她那些非常激励人心的演讲中多次提起,连她的博客也叫"女机器人之眼看世界"。)

毫无疑问,珀迪是一位非常能够鼓舞人的表演者。1999 年,年仅十九岁的她在一场细菌性脑膜炎中活了下来,却失去了双腿,肾功能减退,一只耳朵失聪,可谓九死一生。安上假肢七个月后,她又回到了滑雪板上,重新找回那种迅速敏捷的反应、核心力量以及平衡感。所有这些,让她在舞台上引起轰动欢呼。

珀迪讲述了她赢得奖牌以后,飞到洛杉矶,排练,然后上舞台表演,这一切都在一周多一点的时间里完成。于是,节目的主持人之一艾琳·安德鲁斯(Erin Andrews)对着镜头严肃地问观众:"而你每天都干了些什么呢?"然而,珀迪最超乎寻常的地方,是她的舞蹈,有种纯粹的美、纯粹的优雅。

看《与星共舞》这个节目,你总希望看到比较露骨的穿着、炫目的跳跃与时髦迅捷的步伐。但对于大多数参赛者来说,传递那种感觉才是最难的。大多数人从没达到境界。珀迪和霍夫的舞蹈充满了情绪,但又没有用力过度,也不矫情。两人一直在做眼神交流,仿佛彼此之间有不足为外人道的秘密。珀迪身上那团火是慢慢燃烧起来的,那臀部的律动仿佛一名舞蹈皇后。她一点都不害羞,不害怕;她的双肩一点都不紧张。就算腿是假肢,她身上那种坦率诚实的表达与优雅,也要胜过那些肢体健全的选手。

珀迪的搭档霍夫是获得过艾美奖的舞蹈教练，还在这个节目夺过冠，所以她这位搭档也是十分优秀，给她锦上添花。然而珀迪也改变了霍夫。也许他随时小心，不想打乱珀迪的平衡，也许是她那种毫不动摇的镇定自若触动了他。我们很明显地看到，霍夫是调整自己的身体表达，去契合珀迪的，所以变得更为温暖，更接地气。他没有对着评委们无所不用其极地做什么表情，全部的注意力都在搭档身上。就因为怀中这位"无敌女金刚"，霍夫也变得更富有人情味了。

有句颇富禅宗意味的话说："鞋好，便会忘记双脚。"看着珀迪跳舞，我们已经浑然忘记她的残疾。而且，她的舞蹈充满着强烈的冲击力、丰富的情绪与不可阻挡的优雅，让你无法呼吸，此时此刻，"残疾"这个词也显得太不恰当了。

节目的第三周，给选手们出的题是纪念他们生命中最难忘的一年。珀迪选择了父亲为自己捐肾的那一年。节目中播放了一段当时的家庭录像，她在病房里与父亲共舞，在父亲的手臂之下旋转。那时候她才刚刚安上假肢，还有点走不稳路。

"能跳舞我就能走，能走我就能滑雪。这样我就能过精彩的人生。"她对着镜头回忆起当时的情景，条理清晰。

那周她和霍夫跳的舞实在太出色了，各种各样的意向表达得淋漓尽致。有一刻深深攫住了观众的心，她融化在霍夫的怀中，他又将她绕着自己扫了一圈，仿佛这个女孩儿轻若无骨，仿佛她在空气中翩然遨游。

"我不会被自己的双腿定义。"珀迪说。

莎士比亚写道:"人为载体,生而有梦。"躯体有尽时,而梦想无绝期。

有一天,人类的技术也许可以达到,用钢丝钢条焊接的外骨骼植入人的大脑,通过神经命令四肢瘫痪的病人起舞。休·赫尔(Hugh Herr),这位麻省理工大学生物力学组组长告诉我,有了这样的装置,"人就可以通过思考活动自身的肌肉,外骨骼也能做出适当的反应"。

"能让我们掌握新的技巧,比如舞蹈,或者弹钢琴,打高尔夫,"赫尔说,"这些装置能够统筹我们的身体,来教我们这些东西。"仿佛大脑中住着自己的德里克·霍夫。

赫尔很感兴趣地追看了《与星共舞》,因为和珀迪很熟。她来麻省理工找过他,想弄来一副好点的假肢,专门滑雪,最好可以嵌入滑雪板中。他说。和珀迪一样,赫尔也是双腿截肢的运动员,1982年攀岩时因为冻伤失去了双腿。他说,出事以后,他爬山反而爬得更好了,用的是专门设计的假肢。

而且和过去的血肉之躯不同,他的双腿还可以升级。

舞蹈是全新的领域。赫尔最近公布了一条专门为舞蹈而设计的仿生学假肢。这是为艾德丽安·哈斯利特-戴维斯(Adrianne Haslet-Davis)设计的,这位社交舞教练在2013年波士顿马拉松爆炸案中失去了一条腿。这条仿生学的假腿让她重获优雅:一年后,在温哥华的 TED[1] 大会上，她奉献了爆炸事件之后的第一支舞蹈，和搭档一起跳了伦巴，身姿那样柔和轻快。

哈斯利特－戴维斯那条会跳舞的钛碳合金腿里有一个马达，无数电线、微型的电脑和充当肌腱的弹簧。和那些传统的"被动"的假肢不同，这条腿"可以发挥油门的作用，能给你一个推力"，赫尔说。

"这世上没有残疾，"赫尔说，"只有糟糕的设计。"

优雅最有意义的用处，就是让我们彼此之间产生更深入的联系，尤其是在那些看似微不足道的时刻，就像有一年我在家乡的7月4日国庆节游行中的巧遇一样。

我和约翰看着我们的三个孩子跟着游泳队行进而过，决定早退，不看游行了。天气越来越热，我们想去避避暑。于是匆忙沿着人行道往家里走去。路上我的余光突然瞥见一个轮椅上的男人，停在一块青草丛生的高台上。他一只眼上还戴着眼罩，扭曲的嘴似乎想说什么，却发不出声。他有些无力地抬着手，朝一边斜着身子，是在跟我打招呼吗？

我虽然没有停下脚步，却把这一切尽收眼底，不断颠覆着他在

---

[1] TED（指 technology, entertainment, design 在英语中的缩写，即技术、娱乐、设计）是美国的一家私有非营利机构，该机构以它组织的 TED 大会著称，这个会议的宗旨是"值得传播的创意"。每年都会召集很多杰出人物来进行分享。

我心中的形象。虽然他看上去是很特别，但他这挥手告别之中带着某种特别快乐的东西。他打招呼的方式很友好、很亲切。他那皱纹纵横的脸与那只伸出的手臂在我脑海里久久萦绕不去，往前走了几步之后，我突然震惊地意识到：我认识他。他女儿和我的大儿子以前读的同一所小学。以前在小孩子的生日派对与学校集会上看到的他，是个高大健壮的男人，看现在的样子，是遭遇中风了。

我们居然没马上认出他，真是令人懊恼。但他的热情又吸引着我和约翰，马上转身回到他坐着的地方。他的妻子和女儿就站在身边，很热情地和我们打招呼，又聊了几分钟，聊了聊游行和各自孩子们想上的大学。显然做爸爸的说不了话，但他也没因此就置身事外，而是努力地点头微笑，没戴眼罩的那只眼睛闪烁着光彩。能和家人一起坐在树荫之下，他看上去真是特别开心。我想，他肯定也为自己能招呼到一个多年未见的熟人而高兴。

是优雅让他做到这一点的，就这么简单纯粹：热情的手势，和蔼的眼神，倾听的态度，这些小小的举动，让他和一个路人建立了联结，并且把这位路人从冷漠健忘中拯救了出来。

第五部
优雅一生的秘密

第十四章

让优雅成为一种习惯

> 人类是一件多么了不起的杰作!……多么优美的仪表!多么文雅的举动!
>
> ——威廉·莎士比亚《哈姆雷特》

2012 年,罗杰·费德勒在温布尔登球场夺冠后,数据分析员们为他制了个表,展示了他 78% 的网边得分率,这也是他所有得分中占了超过三分之一的得分方式。数据还显示了他在界内和界外接球的多少,以及他一次发球和二次发球得分率的对比。

但数学远远无法解释费德勒在网球场上的表现。

科学也不能完全解释,但有一点是确凿无疑的:他之所以能在网球场上步伐流畅如跳踢踏舞,主要归功于那回路精巧、功能完美的大脑。每踏一步,他的运动皮质、基地神经节和小脑都在传递着看不见的和谐，通过错综复杂的回路，决定他在空间中的位置，规划一系列的动作，精妙地安排速度、把控时间，正确地控制肌肉，保持他身体的平衡。

然而，费德勒的大脑如何能在短短一场球，甚至是一次发球中完成所有这些物理与工程计算，仍然是个未解之谜。对于费德勒为何能如此出类拔萃，实验室的工具能告诉我们的甚至更少。他和对手接收信息时的神经传输过程明明是一样的，怎么就能那么优雅地做出反应呢？任何研究也无法让我们得知，他是怎么拥有这超凡的警觉、韵律和潇洒的，怎么拥有这种艺术气质的。科学无法回答，为什么就有那些凤毛麟角的幸运儿，比我们凡夫俗子更加优雅。

用科学来研究优雅，关注点一直是为什么普罗大众缺乏优雅。也就是说，为什么像帕金森这样的病导致的动力系统紊乱会让人们无法顺畅地做出那些基本动作。

科学家对优雅的所知，就是它来源于神经学的奇迹：大脑里的千万亿个细胞完好无损，全都在发挥作用。有研究者同时研究脑部疾病与神经的完美运作，他们对优雅的评判，主要根据我们这些平凡人并不在意的日常动作：简单的走路，或者把一杯水举到唇边。

神经学家阿波斯托罗斯·齐奥格普洛斯（Apostolos Georgopoulos）兼任明尼苏达大学认知科学中心和明尼阿波利斯退伍军人医疗中心脑部科学中心的主管。他的专业领域就是运动时的大脑机制。比如，我们怎么来排列各个动作的顺序，怎么来处理那些提高运动速度却又不影响准确度的信息。他带着敬畏和严肃，说起脑部细胞如何来自我组织，完成哪怕是最简单最直接的伸手拿咖啡杯的动作。

"但是走钢丝、表演体操，甚至是篮球场上一个优雅的灌篮，这些我们都一无所知，"他告诉我，"比较高等的协调平衡，完全是我们的盲区。"

原因在于，那些成熟的大规模的动作需要调动脑部的很多部位。在检测这些系统时又不影响它们，这是一个问题。现有的科技条件下，神经学家在任何时候都只能观察脑部的很小一部分。

无线遥感勘测设备可以记录并捕捉脑部的电波活动，比如说，不正常的波动可能说明癫痫病发。但现在还不可能捕捉到人们在跳舞、击剑或者平衡木上跳跃时完整的大脑活动。

"如果要记录优雅举动时脑部的活动，我们就不得不干涉那个举动，"阿波斯托罗斯说，要是真的有全脑遥感勘测这种便携的设备，能让科学家观察整个脑部的活动，"我们就能取得重大突破。"

更复杂的是，我们的行动从根源上来说并不是纯粹自我发动的，而是靠感官来发动的，由视觉、听觉、肌肉和皮肤上捕捉到的新感觉这些东西来驱动。一系列的脑部结构接收到这个信息，调整不同肌肉的收缩，产生出一个连贯的整体，让我们在美学上产生优雅的感觉。

你说这一切怎么分析呢？

科学家们对脑部掌控流畅运动功能的部分知之甚少。相反地，他们对这些部分不起作用的后果却研究颇深。大脑的运动结构就算出很小的问题，也能导致身体颤抖，不稳，或者别的动作缺陷。比如，帕金森有很常见的早期症状，就是手或者手指颤抖，这说明基底神经节出了问题，这是脑部深处的一个结构群，帮助规范人的动作。

即便如此，科学也能告诉我们一个关于优雅的重要事实：只要你的脑部没受到什么影响，你想有多优雅，就能有多优雅。只是练习多少的问题罢了。

"你和我，要是从很小的时候就开始训练优雅协调的动作，那我们能和娜迪娅·科马内奇一样优雅。"阿波斯托罗斯说，"很可能人人都有这样的能力，越早开始训练越好。"

这可以叫作"阿波斯托罗斯的优雅理论"：熟而生雅。

在我们眼里，罗杰·费德勒在网球场上的表现如诗歌一般优美，而对他本人来说基本上就是条件反射和反复练习的结果。是高强度不停歇的锻炼让他的大脑自发地积极参与，灵活反应，不用思考太多。重复，让他的脑细胞不断以某种特定的模式被激活，加强各个细胞之间的联系，从而让他的行动更潇洒、更流畅。一同被激活的神经元也会变得同步，这就是脑部的奥妙。只要练得够勤，这些联系就会越来越强，身体的表现就会越来越潇洒。优雅便成为一种习惯。

阿波斯托罗斯把获得优雅比作学习语言。练习越多，用外语表达自己就越自发、越流畅；而流畅潇洒的动作也是这样。有时候，就连调整你的步态变得更轻盈、更平衡、更顺畅这种相对来说比较小规模的活动，也是需要勤奋练习的。和所有一切一样，开始得越早，学习起来越容易。而且，人人皆有可能。

事实上，大脑是希望我们忙于练习这些的。

原因是，大脑的功能就是要计划并执行运动。人类大脑在不断进化中有了这项功能。我们有大脑，所以才能移动，能吃东西，能生育，不被别的动物吃掉。你之前或许认为，我们的大脑只是用来思考的？那只是大脑功能很小的一部分。

脑部大约有99%都是一个动力系统，剩下的那1%也是辅助于这个动力系统。说得更深一些，脑部基本上就是负责对肌肉的收缩。通过肌肉的收缩，我们才能进行有机呼吸、血氧循环，才能移动内在的骨架，吃到食物，避开猛兽，建立和维护关系。

而我们却一直不在乎自己的身体，这多么奇怪，甚至可以说是愚蠢。我们觉得思想和知识，是更为优越更为有趣的东西。很多人都觉得身体不过是空皮囊，是我们携带的包袱，令人失望，令人尴尬，最好视而不见。我们也许会觉得身体是适应文化理想的装饰品，而非有着无数能力的有机体。而身体的价值，恰恰就在于其独一无二，而且值得我们珍惜与呵护。我们付出的大部分努力，大部分的自豪感，都集中于一个很狭小的、最最局限的身体活动，就是我们的才智。思想的寿命要长于肉体。我们在很多时候，都忘记了日常生活中要多多活动，而是久坐不动，而且坚信，人类的最高境界，就是"动脑"，让思想和理性不断完善。

此言差矣。

大脑是一个动态系统的一部分，能激活身体，而身体也反过来激活大脑。新兴领域"体验认知"探索的就是这个问题：就如思想依附于身体一样，身体也影响着思想。

想想我们的语言是多么依赖身体吧。我们会用非常具有身体感官的语言来描述抽象的概念与感觉：未来在前方招手；过去抛在身后。我们会说有人"让我们浑身发冷"，或者"看上去很热辣"；得意之时，我们蓬勃"向上"；疲累抑郁消沉的时候，我们"跌入谷底"。

身体总是首当其冲。理解自己的行走坐卧，理解那个肉体的自我，不仅看重外表的美丽，还要注重达到优雅这个理想，如此一来，我们对人性的欣赏就会从总体上得到丰富。身体运动的神秘之处就是其魅力之一。好好想想，没有人真正明白我们是怎么移动的。就算对于神经学家来说，要完全弄明白这个问题也还任重道远。我们的大脑为何能够协调身体动作，让我们能正常地在世界上行走坐卧，让我们进化成今天这个样子，这个问题，至今悬而未决。

神经学家说起数十亿脑细胞的运行时，总是满怀敬畏。这些微小的东西融合在一起，创造了优雅的动作。"实在太惊人了，"阿波斯托罗斯描述着神经系统创造的"舞之奇迹"，"仔细观察一下大脑，你会更惊讶。这一切怎么运作得如此完美无瑕？"

想想那些最最优雅的身体表演，比如奥尔加·科尔布特那令人愉悦的奥林匹克自由体操。一边把控身体，一边轻盈潇洒地做出那么多动作，不断校正着所有的肌肉与结缔组织的力量和速度，关节同时收敛和舒展，调整血流与呼吸，保持平衡和空间意识，多么了不起的表演啊！我们在行动时，大脑所做到的事情，比我们思考过程中所做的要复杂高级多了。特别是我们坐下来想想，我们大多数人整天都在干什么呢，在书桌前伏案，我们也许觉得自己很高尚（这个"高"字也是身体感官式的说法），但实际上可能早就百无聊赖地在想午饭吃什么了。

从某种程度上来说，你早已知道这个事实。你知道自己总在跑步或走路的时候灵光一闪，冒出特别好的想法（据说阿尔伯特·爱因斯坦就是在骑车的时候想到相对论的）。健过身，游过泳，或者跑过步后，你的头脑会更加清醒。

运动的身体可以在真正意义上塑造我们的大脑。科学研究表明，锻炼能通过提升大脑中的生长因子化合物来帮助我们思考和学习，因为可以在那些参与到学习活动中的脑细胞之间建立新的联系。身体上的协调活动来得越复杂（比如舞蹈课或者网球比赛），大脑就扩展得越大。为什么呢？当身体应对复杂的活动时，大脑迎来更大的挑战。脑细胞和肌肉一样，要增长，就需要实打实地锻炼。

德国研究者发现，一群高中生在进行十分钟的复杂健身运动之后，比起那些只是照常活动的同学来说，在要求高度集中的任务上表现比较好。而完全没有活动的那群则表现很差。研究发现，锻炼甚至可能刺激那些被抑郁情绪所破坏的脑部区域，促进神经元的生长。加拿大还有一个研究表明，老年人群体当中，走路这样轻度的活动，能够缓解记忆和认知的消退，比那些喜欢久坐不爱运动的老人情况要好。

中国有一项研究表明，长期练习太极拳这种强调平衡、协调和放松的优雅而舒缓的武术，也许能像有氧运动那样重塑大脑；研究还表明，太极拳练习可以加强记忆和思维。体育锻炼能让脑部获益良多，事实上，阿兹海默症学会也推崇坚持锻炼，以降低得阿兹海默的风险和别种形式的失智，并且缓解这些病状的来势。

不过，这只是一本关于优雅的书，不是什么锻炼手册。上面说的这些，到底和优雅有什么关系呢？这就又回到阿波斯托罗斯的优雅理论了，一切都要看行动。不管是走路、打网球还是跳舞，只要勤加练习，总会越来越好。不仅如此，你整体上的行走坐卧都会变得更好。动得越多，你就能动得越优雅，就这么简单。

优雅的行动，抬头挺胸的动作与流畅连贯的衔接，这一切的益处，超越了我们自己在美学上和感官上的愉悦。优雅有连锁反应，能像涟漪一样扩散到我们周围的人身上。我们的行为举止会影响到别人，因为大家生来就有模仿的倾向。我们的大脑会不由自主地去模仿别人的运动模式。

"猴群中这种情况很明显。一只猴子开始做非常优雅的动作,在树梢之间跳跃,突然整个猴群都开始做了。这是很常见的。人也一样,我们会模仿别人的行动。要是这个行动很优雅,那么模仿出来的样子也会变得优雅。"

想象一下,你用凯瑟琳·德纳芙(Catherine Deneuve)[1]或者西德尼·波蒂埃(Sidney Poitier)[2]那种平静优雅的步伐走着,你的身体闪烁着轻快潇洒的光彩,每转过一个街角,就能让人钦羡,继而模仿。随着他们的模仿,优雅的动作和愉悦的感觉也如此扩散开来。你能为这个世界增添多少美丽啊!

但是,光躺在吊床上想想这些,是不可能变得更优雅的。(不过嘛,我的享乐主义同好们,我还是非常坚定地喜欢吊床的。在家休闲,在吊床上晃晃悠悠,什么也不能阻止你享受这种快乐。)

"人生就像骑单车,"这是阿尔伯特·爱因斯坦写给儿子的话,"要保持平衡,就得一直向前。"我们的很多能力其实真没那么特别。事实上,至少人类的一些能力,比如处理数据、计算、推测和辩论,都是机器可以复制甚至超越的。比如打败了国际象棋大师加里·卡斯帕罗夫(Garry Kasparov)的"深蓝"。2011年,在规则比国际象棋更复杂的电视竞赛节目《幸运大冒险》(Jeopardy!)中,"深蓝"

---

[1] 1942年出生,法国影坛常青树,国宝级女演员。
[2] 1927年出生,美国男演员,曾经的好莱坞头号黑人演员,美国影史上第一位黑人奥斯卡影帝。

的后继者华生（Watson）打败了两位脱颖而出的冠军参赛者。

然而，机器还远远不能逼真地模仿人类的动作。事实上，优雅是机器人工程师们还没能企及的境界。就连处于机器人科技顶尖位置的日本机器人专家做出的外表和人类别无二致的机器人，都还无法模仿自己的人类创造者，做出毫不突兀生硬的流畅动作。

是啊，世界上能超越人类运动时那种深度和复杂度的动物，还真是寥寥无几（比如章鱼）。

"普天下只有一座圣殿，便是人的躯体。"德国浪漫派诗人和哲学家诺瓦利斯（Novalis）写道。他二十八岁便英年早逝，这命运让他对肉体的热爱显得那么令人沉痛。"没什么比人体崇高的形式更神圣……触摸人体的那一刻，就触摸到了天堂。"

基科长长的手臂柔软放松，像布娃娃的手。不管怎么动，整个身体都是那么潇洒放松。它是一个通体赤褐色的"加里·格兰特"，那么轻快自在，就算是身处十五米的高塔上。它正要攀上国家动物园"猩猩交通系统"的钢缆呢。

这是个高空中的交通网，简称"O线"，堪称华盛顿动物园的明珠。在高空中连着一座座猩猩塔，让基科这样的红毛猩猩能尽情做自己喜欢的事情：在空中自由摇摆。除了大自然中枝叶繁茂的果树，这应该就是最好的活动场所了。

在这里也能目睹很多优雅的行为。你看基科和伙伴们流畅的身体线条在天空中滑翔，完全不受重力的干扰，一点没有费力的感觉，真是让人由衷地觉得赏心悦目。猩猩们跑到户外在钢缆之间摆荡时，总能吸引一堆人驻足围观。

我们这些笨拙的、只能在陆地行走的灵长类，无法抗拒远亲们的魅力。事实上，这些红毛猩猩也许看上去毛发蓬乱，不修边幅，但它们却是某个优雅理论的关键组成因素。

阿尔弗雷德·丁尼生（Alfred Lord Tennyson）在诗作《艾莉诺》（*Eleanore*）中对心上人倾诉衷肠，他所爱的，正是她身上那种优雅，他写到她那种"涌动的和谐"与"流动的优雅中有内涵丰富的匀称"，还热情赞颂道：

> 她没有突兀，没有单一；
> 如神龛香炉中飘散的两股青烟，思想与行动合为一体；
> 时时刻刻都是一体。举手投足无缝如天衣，
> 正如人们的吟诵，
> 好似无声的旋律……

我爱这首诗，因为诗中既强调了内在的优雅，也强调了外在的优雅，这两者是互为映射的。也爱丁尼生把艾莉诺那美妙非凡的行为气质比作飘散的青烟。如此的尤物，似乎离质朴而毛茸茸的红毛猩猩基科相去甚远。然而，从一些非常重要的方面来说，两者可谓

殊途同归。我们的祖先也曾经栖居在树上，正是大约1300万年前从基科的祖先中间分支而来。一直到今天，我们的遗传基因中，还有97%都和红毛猩猩一模一样。从血缘上说，黑猩猩与倭黑猩猩算是人类最近的亲戚了，大约在600万年前才开始分支。埃默里大学国家灵长类研究中心生命链接中心主管、顶尖灵长类动物学家弗兰斯·德·瓦尔（Frans de Waal）提出，有证据显示，仅仅在几百万年以前，人类直立行走很久以后，晚上似乎仍然会爬到树上去睡觉，免得成为猛兽的美餐。

我们经历了很长一段栖居于树间的历史，其实现在脑海中与身体里还留着那样的基因。几百万年又几百万年以来，我们一直在爬树，在茂密的枝叶之间摆荡，躲过树下的天敌，吃着头顶甘甜的果实。我们也由此进化出美妙的形体，拥有宽阔的胸膛，挺直的背脊，美丽灵活、能够随意扭动的双肩，让我们能尽情地用手臂吊着树枝，交叉前行。我们身上仍然蕴含着过去的生理机能：肩膀依然是我们最灵活的关节，可以往四面八方活动，就算21世纪的这些坏习惯好像让它们越来越僵硬了。进化的过程中，人们一定想不到，会出现手提包、汽车、键盘这些东西，也没有想到，人们会经常把电话夹在脖子上，弄得关节嘎吱作响。

多年以前，我们在交错的树枝中来回自如，很多生存之道就在其中。那时候的环境多么复杂动荡，我们悬在空中，地上充满危险。在空中的行动比双脚踏在地上的行走显然要艰难很多。我们必须用手臂充当树枝之间的桥梁，在弯曲摇晃的树枝上保持平衡，这一切都要做得准确无误。手一下子没抓稳，就有可能丧命。要是弄出的响动太大，就可能惊动食肉的鸟儿或是会爬树的猛虎。如果想要智斗天敌，或者饱餐一顿无花果，敏捷灵活的动作，就是其中的关键。

在树上栖居的复杂程度，"需要你做出很多杂技般的动作。"德·瓦尔告诉我。他让我仔细观察一下灵长类在伸出手臂吊着树枝向前摆荡的时候，对时间的把握是多么充满韵律感，一松一抓之间配合得多么天衣无缝。"它们的动作必须流畅，要是稍微生硬一些，就掉下去了。做得对不对，关系到它们能不能活下去。"这一点对于大型灵长类来说尤为重要，它们是最有坠落风险的。基科就是个很好的例子。红毛猩猩（orangutan）这个单词在马来语中是"森林之人"的意思。成年雄性红毛猩猩常常体重高达九十多公斤，它们是栖居在树上的最大动物。你看它们在树枝间摆荡是那么轻松自如，却从不曾目睹任何红毛猩猩像猴子那样兴奋地从一棵树跳到另一棵树。红毛猩猩的动作都是经过深思熟虑的，也更为优雅，就像基科，你看它不慌不忙，动作那么精巧，那么无缝衔接。

可以比较肯定地说，我们的祖先一定注意到了，群中有些猩猩好像不太善于这种树枝之间的摆荡。德·瓦尔观察到，有的黑猩猩行动起来比较费力，整个黑猩猩群的速度都被拖慢了。另外，他又看到有的成年雄性攻击动作迟缓的雄性，替代其在整个族群中的位置。我们也可以假设，人类的祖先也存在笨手笨脚的，会因此遭受社交上的挫败，还会危及自身的安全。

那我们是如何一直延续至今的呢？

"基本上，我们是被大自然选中，天生拥有杂技才能的。"德·瓦尔说。人类那个好动灵活的自我由来已久，身体总是在不断调整。灵长类有着所有哺乳动物中最丰富的动作，四肢千变万化的行动自不必说，手指也有细致巧妙的抓握能力。如钟摆一样在树枝之间摇荡是很快也很高效的，能节省自身的能量，利用重力，费最少的力气。只要我们在树枝之间稳定，流畅，不突兀，那几乎就像是在飞翔了。长臂猿是我们的远亲，它们的杂技才能可谓登峰造极，荡起来的速度最快可以达到每小时将近六十公里。然而，看看当代人，好像只有幼儿园的小孩子和那些健身成瘾的人才继续着我们这吊臂摆荡的优良传统。其他人许久不练早就完全生疏，上半身的肌肉也退化了，支撑不起成人的体重。

在树上吊臂而行，和谐的循环、富有韵律的优雅是非常重要的，如此我们才能避开猛兽，寻找食物，并且在一个堪称艰险的生存环境中自由活动。在很多活动中，还能找寻到这种我们曾经赖以生存的原始摇摆机制：跳华尔兹的时候，那"一二三"拍的韵律；花样滑冰与冰上舞者那优美的弧形曲线，让我们赏心悦目；还有网球赛中，健儿流畅而有节奏地来回奔跑。

我们今天欣赏那些举手投足十分优雅的人，欣赏他们的轻松潇洒、和谐流畅，其实全都是来自原始的传统。看看我们的进化史，很有可能发现优雅的功能之一：帮助我们在高高的树顶生存繁殖。现代人眼里看到的优雅行为，也许在原始社会，就是保证祖先安全行动的必需品。

如果说优雅的行为是我们生存发展能力的重要部分，那么在进化的过程中，我们能对其产生积极的反应，也就很有道理了。还可以进行进一步推测，进化过程中，我们的大脑发现优雅的行为举止很有用，值得模仿，于是我们也发展出相应的情感反应。

我和劳伦斯·帕森斯（Lawrence Parsons）聊了上面的话题。他是一名认知神经科学家，供职于法国布隆（里昂附近）认知神经科学中心。帕森斯的一个研究方向是大脑对音乐和舞蹈的认知。他说，虽然已经无从证实我们是否是因为祖先们要依赖优雅生存，才被其如此吸引，但这个猜测值得鼓励。

"有个理论说，我们为什么要有情绪，是因为这对我们有帮助，要让我们在复杂的情况下做正确的事，"他说，"如果我在树上摇来荡去，要想着如何不被土狼和猛禽吃掉，那就必须观察别的灵长类如何行动。我要好好观察，观察起来感觉也很好，观察越多，了解也就越多。"

后来，人类离开大树，开始在非洲大平原上走来走去，但身体的和谐还是非常重要的。悄无声息地轻柔移动，灵活敏捷，以及优秀的力量把控，能让我们避开敌人。优雅也是一个指向标，说明你的大脑正在健康正常地运行，指挥身体去填饱肚子，完成一些生存所需的任务。优雅与健康指数如此息息相关，那么我们那些优雅的祖先们，很有可能因此获得人生的大奖，收获人人钦羡的伴侣。

从丁尼生到詹姆斯·泰勒，再到甲壳虫，优美上口的民谣都在提醒着我们，我们的举手投足一直都是俘获爱侣的关键。

认知神经科学家艾米丽·克罗斯（Emily Cross）在威尔士班戈大学任职高级讲师，她扫描了舞者、体操运动员和柔术表演者的大脑，来研究身体的协调和学习过程。她提出一个观点，不费力的优雅举动，很早以前就成为人类择偶的因素之一。科学家把这种看上去不费吹灰之力的动作称之为"高效"，反之那些不协调的繁乱行动则是耗费能量，会导致疲乏和紧张。

"从进化的角度来说，我们想和那些动作高效的人来繁殖基因，并不喜欢那些无法做到高效动作的人。"她说。

"进化的过程中，也有意识地去选择那些动作流畅、高效而且美妙的人。"她继续道，"那些能够最大限度控制自己身体的动能，准确地指挥身体去做事，能做出特别流畅特别高效的动作，并且让自己看上去不费吹灰之力的人，正是人类生态的最高目标。"

"优雅神经生物学"之谜的另一块拼图，是一个现象，这个现象不仅存在于所有灵长类，也存在于所有的哺乳动物当中：同理心。

数个世纪以来，哲学家们一直在提出各种理论，阐述我们对别人经历的同情与共鸣。1759 年，亚当·斯密（Adam Smith）[1]在自己的第一本著作《道德情操论》（*The Theory of Moral Sentiments*）中，就涉及了这一点。这位苏格兰哲学家后来在《国富论》中提出，个人利益是繁荣的关键。在第一本著作中，他认为，"共情"是大脑的作用，是出于个人意愿和想象的行为。

斯密在《道德情操论》中写道："虽然我们的兄弟正遭遇痛苦，但我们自己如果悠然自得，那么感官不会让我们感受到对方的痛苦。感官从来没有、也绝不可能让我们超越自身。只有通过想象，我们才能对他的感觉认知形成一定的概念。"

1852 年，英国哲学家和政治思想家赫伯特·斯宾塞（Herbert Spencer）提出了不同的观点，将同情的概念与优雅结合起来。和与自己同时代的查尔斯·达尔文（Charles Darwin）一样，斯宾塞非常推崇进化论。事实上，"适者生存"这个词的首创并非达尔文，而是他。而且他爱好广泛，涉猎颇多。比如，论起鉴赏舞蹈，他可是行家一个。也许正因为如此，他把身体上的优雅看作一种哲学上的探询。作为各种舞蹈表演的忠实观众，他一定常常被表演者跟随音乐韵律的旋转搞得心醉神迷，陶醉其中，可能正是这样的感觉，才催生了他对我们彼此之间内心联结的更深层次的理解，很显然，这种联结是亚当·斯密从未体验过的。

---

[1] 苏格兰哲学家，经济学的主要创立者。主要著作有《国富论》。

的确，斯宾塞所写《优雅》这篇文章的灵感，来源于一个不入流的舞者。他观看她的表演，写道，自己"内心不停地批评她的表演，觉得很野蛮，应该喝倒彩；而人们却做了懦夫，觉得应该鼓掌，所以反而热情鼓掌"（我曾无数次看到这种现象，你可能也一样。灵长类动物中，有一个做出了反应，别的就自然而然地开始模仿。我们很容易被同伴的动作与感情感染。就连在歌剧院中也是一样）。然而，这位舞者的矫揉造作点亮了斯宾塞的灵感，想到了截然相反的一点。他写下结论：优雅的核心，就是对力量把控得当的运用。要优雅地行动，需要把力量减到最小，而不是用力过猛。

不过斯宾塞又问道，为什么他会觉得这位舞者的用力过猛如此没有品位呢？答案一定是，他看着她舞蹈的时候，那种紧张和用力反应到了自己的身上。"我想在这里大胆假设，别人身上反映出的优雅，其主观基础是'同理心'。"他写道。

同样地，我们看到别人身处危险，自己也会颤抖……各种各样类似的情绪，让我们所有的肌肉感官都或多或少地参与到周围人们正在经历的事情当中。如果他们的动作很暴力或者很奇怪，我们也会有种或轻或重的不认同感，觉得换作自己的话，不应该做那样的事。而如果他们很轻松愉快，我们就会产生愉悦的同感，这也正是他们展现的动作中所蕴含的情绪。

根据这个观点，在几乎不自知的情况下，我们看红毛猩猩的流畅动作，看费德勒那流线型的发球、猫一般的着陆这种由内而外的轻盈潇洒，我们不仅喜爱他们行动中的美学表现，也能感受到自己的身体中流淌着这种优雅。

19 世纪，德国人提出"Einfühlung"这个词，称之为"移情"，其实也就是我们说的"同情""共情"，正是因为我们的移情能力，看着优雅的动作，才会让人那么愉悦。

我们能和别人的身体产生亲密的认同，他们的动作能让我们产生深切的感受。杂技中的空中飞人，跑道上飞奔的健儿，看着他们，我们仿佛也飞了起来。身体上有了同感，情感上似乎也产生了联系。北京奥运会上牙买加运动员尤赛恩·博尔特（Usain Bolt）冲破终点线举起双臂庆祝胜利时，谁又不会与他一起欣喜若狂呢？我们的眼睛能捕捉别人的感觉，这是想都不用想的事情。

共情和揣测别人的心思不是一码事，更像是"感觉别人的心思"。毕竟，英语中"emotion"（情感）这个词是从"motion"（动作）衍生而来的。词源是拉丁语的"往外移"一词，含义是"置换"，或者"唤起"。创造这个词的人，一定明白，我们的感觉植根于身体的一举一动之中。在给予这些感觉认知上的意义之前，我们就先从身体上有所感知。

那些猫猫狗狗，也是有同理心的，我相信任何生病时被宠物陪伴过的人都深知这一点。

"所有的同情机制，都可以追溯到娘胎时代，"德·瓦尔告诉我，

"雌性动物对于后代的情绪非常敏感,因为它们需要观察孩子是不是饿了,是不是有危险。这是所有哺乳动物的共性。"

有时候,这种脑回路可能会带来小小的不便。一次,丈夫和我带着发烧的八岁儿子去医院,医生从他胳膊上抽血,他皱了皱眉头,而我却晕倒了。我根本没时间去想,"啊,他肯定很痛吧。一定感觉很糟吧。哎呀……"只是看着针头刺进他的胳膊,就让我晕过去了。

在我另一个儿子的摔跤比赛上,我也是个窝囊废,几乎不能呼吸了。我女儿说她再也不会去看摔跤比赛了,觉得压力太大,她说的压力来自身体,让她胃都抽筋了。这种感觉我们都在某种程度上经历过,特别是完全对别人的遭遇感同身受之时。橄榄球比赛时有球员被撞倒,在地上痛苦地扭曲着身体,会引得观众们也害怕地瑟缩。舞台上舞者滑倒了,总会迎来观众席一片不由自主的叹息。

但将我们的同理心与别人联系在一起的,不仅仅是痛苦,还有愉悦。格雷戈里·洛加尼斯的优美跳水不只悦目,而且赏心。他的优雅也让我们感同身受。他那股气流席卷了我们,那丝绸一般的旋转与伸展裹挟着我们,那箭一般的身体穿透水面,也穿透了我们。

神经影像研究证实了优雅的行为能牵动人心,威尔士神经科学家克罗斯说。她在观察大脑对艺术的反应时目睹了这一点。"感知者的大脑被优雅的行为强烈吸引。比如运动员、舞者、武术家,等等,这些人对身体的控制以及他们的肌肉动觉都让人难以置信,行动起来既高效又流畅,"她说,"我们会说,'啊,真是高效,嗯,想看这个。'于是,看着这样的行动,大脑就比看着别的不怎么高效的行动更为满足。"

舞台上的舞者会告诉你,他们彼此之间的动作与感觉已经默契到了一定的程度,甚至能感觉到同伴的情感就在自己的眼前掠过,就算对方只是背对着自己。凯特·布兰切特(Cate Blanchett)最近在接受全国公共广播电台采访时,说自己在现场表演话剧时,会感觉到下面观众精神集中的程度。"你知道 G 排有人在打手机,还有人在后排座位上打开了棒棒糖的包装纸,"她说,"这些你都能清晰地意识到,某种程度上让你变得无所畏惧。因为舞台上的你,能分辨出鲜活的生生死死,而且你还可以采取措施。"

类似的,像加里·格兰特、克里斯托弗·沃肯和丽塔·莫雷诺这样的电影演员在做现场表演的时候,也感觉到那种敏感与共情,在演电影的时候也可以利用。他们能够和搭档演员以及观众建立一种鲜活的联系,个人也变得相当立体、温暖,充满自发性,而且优雅。感知彼此的能量不是什么"新纪元"的神秘主义,不是超自然的科幻力量。你我也许感觉到彼此的"身体感觉"这种说法,应该是有科学理论支持的。

"我们都有专门的神经组织,对别的行动中的身体做出反应,"克罗斯解释说,"这种特别的回路,也是通过一种特别的方式,在人脑中进化出来的。"

研究表明,当我们把别人身体上的各种动作排布到自己的感觉运动系统中,大脑与大脑之间,可能产生信息的流动。

"人之所以为人,这是一个关键因素。"劳伦斯·帕森斯说。他已经进行了多项相关研究,比如我们如何与别的人体的定向产生认同,我们的心理上如何去模仿别人的行动。"我们人类的优势之一,就是有社交上的联系。所以集体的智慧就比别的生物拥有更多的技能和灵活多变的策略。我们和同胞有着强烈的共情意识,就算语言不通,也能体会他们的感觉。我们不用花很多时间来解释什么。我们可以通过观察别人,明白要是经历此事,我们自己会怎么样。"

"这样的技能能形成大的战略,让我们继续生存。"他继续道,"如果你想知道怎么走过一片森林而不让狮子听闻你的行踪,那就观察别人怎么做,想想自己该怎么做,然后去做。这种共情是非常重要、非常有用的学习系统,对个人来说如此,对团体来说如此,对整个人类来说也是如此。"

帕森斯指出,原始文化中,人人都跳舞,人人都创作音乐,大家总是一起载歌载舞,通过这种形式来讲故事。现在我们是术业有专攻了。有些人是表演者,但大多数人都变成了观众。如此一来,我们感觉别人所做的事情,内心去进行复制模仿的能力,就在某种程度上让我们能体验过去大家一起进行的活动。

大多数人也不是手脚如杂技演员般灵活的。看着那些运动健儿并且以此来微微触动我们自己的感觉运动系统,可能是唯一能刺激我们那几乎静止的运动天性的办法。如果我们所看到的运动很优雅,那就再好不过了。这些运动在我们的神经系统中留下非常具有滋补性质的痕迹,我们的愉悦神经好像也因此经历了一场挥汗如雨的锻炼。(当然,这个系统在别的愉悦体验上也很起作用,很多运动和艺术也会运用不协调、僵硬与痉挛的感觉,这些也是含有某种美感的。)

亚当·斯密并没能探讨得太深入。我们不仅仅是通过想象,也是通过我们的神经系统来猜测别人正在经历的事情。同理心就来源于此:与别人感同身受。德·瓦尔在他一本非常有启示性的相关著作《共情时代:大自然的启示,更善良的社会》(*The Age of Empathy: Nature's Lessons for a Kinder Society*)中描述说,这是身体与身体在交谈。作为哺乳动物,我们会下意识地让自己的动作彼此协调,从襁褓时代起便是如此。婴儿会去模仿成人的动作。只要你和小宝宝一起做过鬼脸,就能知道这一点。

很多人都知道,打哈欠是能"传染"的,情感的物质性也是如此。一个朋友描述她的交通事故,挥舞着手臂回忆起当时的情景,糟糕的司机,无路可退的局面,正在倾听的你可能双肩也会收紧,她说得焦虑,语气紧蹙,你也会不时点头。听别人说起伤心的事情,你会身体前倾,斜着头,双眼可能会因为同情而湿润。

运动员赛前会避免接触紧张的竞争者和观众,因为别人的紧张可能会让自己的肌肉也紧张起来。所以你看滑雪运动员、自行车运动员和跑步运动员准备起跑的时候,很多都闭着眼睛,戴着耳机。

不过身体上的共情也有积极的一面。刚刚过去的这个冬天,我们的暖气失灵了,恰好又在圣诞节前,也就是说要等到新年才能送来修理的零件。我们裹着毯子在家里走来走去,无济于事。于是整整一周的时间,我们的身体都非常紧张,下意识地抱紧自己,来对抗电暖气几乎缓解不了的寒潮。然而在新年前夜,我那十几岁儿子的两个朋友出现了。他们在这极寒天气里骑着车过来(还有个穿着短裤),对他们来说,我们的房子已经是个很温暖的避风港了。他们一头闯进来,大笑着,脸上散发着明亮与愉悦的光。他们有种凌乱、提神而随意的优雅,真是彻底改变了家里的气氛。

大家拿出桌面游戏,奶酪通心粉也送进了烤箱。我们开了个火堆的视频,坐在那面前吃着喝着。这也给我们带来了身体上的改变,因为两个男孩子高昂的兴致,每个人都放松了,有了笑容,精神为之一振,家里也变得暖和多了,而且充满了人性的意义。

我们生来就是要参与社交的。每个人都对社交有着不同程度的渴望,有的低一点,有的高一点。但从天性来说,我们都是社交动物。所以,单独关押是除了死刑之外最为严重的刑罚。我们永远都在管别人的事,所以,认识到优雅(当然也有尴尬或者突兀)在我们的身体情感上留下的印记是很重要的。我们会下意识地去契合彼此的动作,因此优雅的动作会放射出愉悦的电波。关于优雅,你可以这么想，停个几秒，为后面的人扶住门；开会前先停一会儿，让自己从上气不接下气变得平静和愉快；看到新人迟疑不决地站在门口，连忙欢迎他进入团队……这些事情不是很值得去做吗？我们对优雅的举动会有非常深刻的感受，这种感觉很好，就算是看着别人在做。

身体上的共情是社交黏合剂。团队的领导们早就已经直觉到此事。你看多少的团队活动，不管是孩子的夏令营，还是管理上的团队建设，都是某种以身体运动为中心的活动。六年级的时候，我们每天早上都要在教室里合唱一首爱国歌曲，大家站在课桌前引吭高歌。我真希望这传统继续，但虽然我的孩子们都在以前我的学区上学，却已经没有这样的经历了。他们完全没听过那些我们这一代睡着了都能唱出来的美国老歌：《我的国家属于你》《这片土地是你的土地》《一面古老的大旗》，等等。同样重要的是，从身体内部发出音乐的行为，能够用最小的力气，让一群还未发育完全的毛孩子形成一个团体，让快乐迅速扩散开来。我们彼此合拍，音乐上如此，身体上也如此。歌唱的快乐，为我们到学校来上课的经历，赋予了一种优雅的传承。

你也可以这样来思考优雅，这可能是一直以来人类在呈现的一种语言，充满了艺术性，充满了同理心。俗话说得好：行胜于言。那么，为什么不让行为柔和一点、圆和一点、优雅一点呢？

舞蹈将身体上的共情提升成一种艺术形式。编舞教练保罗·泰勒

(Paul Taylor)最受欢迎的作品之一叫作《海滨广场》(*Esplanade*)。配乐是巴赫的《E大调小提琴协奏曲》和《D小调双小提琴协奏曲》。这两部音乐作品既精巧从容,又紧凑急促,像要传播重大消息的萤火虫。你也许以为,这些优雅的弦乐会配上正式而高贵的动作。而泰勒的编舞中却有很普通的走路、跑步、静立,还有漫不经心地从地上滑过,具有迷惑性的自然与丰富糅合在一起,就这样把普通的东西升华为非凡,最后几分钟,舞蹈到了高潮,表演者们欣喜若狂地尽情挥洒,翻滚啊,跌倒啊,好像在尽情释放天性。泰勒说,这场舞蹈的灵感来源于一个跑着去赶公车的女孩。他说不定还看到那女孩不小心跌倒,于是就来了这么一锅"跌倒乱炖":舞者们前后跳着,旋转着,在舞台上做着燕式跳水。

但泰勒同时也向我们展示了:跌倒也能飞翔,一切都关乎节奏和韵律。舞者的摔倒,其实是钟摆般拱形轨迹的一部分:他们在空中摇摆,跌倒,翻滚,然后又摇摆而起。动能将这些舞者不断向上、向前送去;令人震撼的是,我们也仿佛在和他们共舞。很快女性舞者就飞奔着跃入舞伴怀中,一个接一个地踩着巴赫的节奏在空中跳起,我们的精神也随着她们扬帆启航。这场舞蹈真是最振奋人心的舞蹈之一了,因为你的身体与心灵也仿佛随之升起来。有那么几个美妙的瞬间,你也觉得自己在旋转摇摆,飞跃在空中,如呼吸一样自然。

泰勒的编舞总是带着一个阴暗面,告诉人们,无论任何的欢乐都不会持久。但《海滨广场》却也和他的很多作品,以及生活本身一样,给我们一种安慰:最后,动作上的优雅,以及这种陪伴的优雅,将我们从深渊中解救出来。科学与艺术都能证实这一点。

第十五章
优雅是一种人生信仰

> 除了优雅恩典赋予的善良,世界上的一切都不重要。那是上帝赐予劳苦众生的礼物。
>
> ——杰克·凯鲁亚克[1]

已经不记得是什么时候第一次听到《奇异恩典》(*Amazing Grace*)这首歌了,但还记得第一次真正注意到。

那时候我十六岁,在美国参议院义务帮忙。我们有个很浮夸的头衔"民主使者",但实际上只不过是一群长着青春痘、穿着蓝色夹克的跑腿勤杂工。我们穿梭在错综复杂的地下走廊,在国会的各个

---

[1] Jack Kerouac,美国小说家。"垮掉的一代"代表作家,代表作有《在路上》《孤独天使》等。

办公室之间递送包裹和文件，闲下来的时候，满脑子都想着怎么拿到假身份证好去乔治城的迪斯科舞厅喝酒跳舞。有时候呢我们也做点作业。上学的时间是拂晓前的几小时，就在那个古典建筑风格的托马斯·杰弗逊楼顶上的国会图书馆阁楼。我们的学校就在大礼堂上面，尘土飞扬，不过倒也浪漫。每天早上，我们都坐着摇摇晃晃的升降机，来到一大堆人工打字机和古董显微镜之间，从宽大的窗户看着对面国会大厦的圆顶被冉冉升起的朝阳映照成粉红色。

周边的那些衣帽间简直成了我们的俱乐部。高官们开会的时候，我们就四仰八叉地躺在那些宽大的皮沙发上。我是为民主党工作的，同党派的一个衣帽间工作人员在二十出头的时候也做过我们这种勤杂工。他叫大卫。我们为数不多的几个女孩子，都对他迷得不行。他是亚拉巴马州人，双颊绯红的美少年，说话不紧不慢，声音稳重浑厚，幽默感中带着点儿邪气，一头"拉斐尔前派"画作中的卷发（当时已经是20世纪70年代了）。那些最最盛气凌人的国会工作人员也能在他甜言蜜语的攻势下态度温和起来，不过打完很多电话他都会压着声音说一句"去你的"。他午饭一般吃得比较油腻，烤芝士，还涂着厚厚的蛋黄酱。他身上的一切都是那么颓废和狂野，对了，他每周末还去上课，要拿私人飞行员执照。

一个周一早上，我们来到衣帽间，听说大卫周末回家开飞机，飞机坠毁了，他在熊熊火焰中不幸丧生。

我们这些勤杂工都自认为挺成熟的了，和那些典型的高中生们有相当的差距，但从很多方面来说，我们也都还是一群毫无防备的迷惘孩童。先别说我们拿着包裹潜行其中的那些灯光昏暗的走廊与地下通道，我们每天还要经过更为黑暗的一个迷宫，那就是各种青春期的焦虑，而且全靠自己摸黑前行。国会山没有别的年轻人。我们周围全是武装了坚硬外壳、上了年纪的国会议员，娴熟地朝衣帽间的黄铜痰盂里吐痰，双下巴的脸上全是愁容，走起路来步子沉重，搞得大家失散而逃。大卫的死不管怎么看都让我们无法理解，但最让我走不出来的一个想法是：我们每天看到的这些成年人，大多数都那么疏远，那么颓丧，在我们看来他们是那么接近死亡，那为什么偏偏是我们那有着狂野自由灵魂的大卫，就这么掉下来死了？

　　随之而来的困惑萦绕在我心里，就连匆忙为勤杂工们组织的悼念活动都没什么兴趣。我郁郁不乐地现了身，对台上的讲话充耳不闻。接着一个我认识的女孩来到台上的麦克风前，她是密西西比人，很是甜美可爱。她以前做过泳衣模特，还在宿舍为舍友们做过美容。我知道她很崇尚橄榄油的好处，也虔诚地信仰着耶稣基督。她独自一人，用清越响亮的女低音开始唱起《奇异恩典》，一切就此改变。

　　一听歌里的字字句句，我觉得全都唱到了我心里，缓解了我那因为初次接触死亡而扭曲的、奇怪的感觉：奇异恩典，如此甘甜。我等罪人，竟蒙赦免。昔我迷失，今归正途，曾经盲目，重又得见。罪恶、迷失，正是那时我的心态写真。而且我不是一个人。那是个几乎改变了所有人的时刻，阴郁的礼堂似乎一下子无边广阔，那些复杂纠结,把我四面八方撕扯的感觉消融不见了,被一种抚慰人心的平静的联结感所代替。那缓慢升降的悠扬旋律,那仿佛闪着亮光有着无限力量的声音,让我觉得和周围每个人都产生了联结。同时我也摆脱了可悲的自怜,获得一种奇妙的感觉。我想,这首歌里克制而飞扬的情感与真诚让我们都得到了升华,反正我是被升华了。

我不是个特别虔诚的宗教信徒(我从小所受的犹太宗教教育,怎么形容呢?很"微妙")。但当时我感觉到这恩典,或者说优雅[1]有着精神上的丰富维度,是灵魂的安慰,提醒我们世上还有爱,也让我们清晰地看到世上还有些超越我们自己的东西。《奇异恩典》,英语世界毫无争议最著名的歌曲之一,用一种不寻常的优雅方式,将口头传达的希望与活生生的感觉融合在一起。听了这首歌,你不会不萌生一种渴望或者决心,而且你根本不用做个基督徒,也能取得很强烈的情感认同。这首歌这么流行的部分原因,是因为它并不局限于宗教。长久以来,这首歌被信徒认可,也被民歌歌手、流行歌手和游行抗议者们认可。白人至上的南方种植园主们把它作为浸信会赞美诗,而奴隶们周日的宗教集会也会唱,歌词里传递的自由解放的信息让他们心心念念。那之后,美国黑人的历史就与这首歌难分难解,成为福音歌手的保留曲目以及民权游行上常常听到的旋律。这首歌还成为反战运动的主题曲,英国军队中的皇家苏格兰龙护卫

---

[1] 英语里的"恩典"和"优雅"是同一个词,都是"grace"。

还经常播放这首歌的风笛吹奏版本。2001年"9·11"事件之后,这首歌还响彻了无数的追悼会和纪念集会。1989年,柏林的勃兰登堡门打开以后,德国人唱起这首歌,表达对一个分裂国家走向统一的乐观。

《奇异恩典》的词作者,18世纪的英国诗人、牧师约翰·牛顿(John Newton)会不会知道他的词句有如此大的力量,传播得如此广泛呢?他去世之后很久,这首歌才有了今天大家耳熟能详的曲调。不过,1773年,当他在那小小的乡间教堂用这些语句布道时,目的是非常清楚的:通过上帝那无穷无尽与不带条件的恩慈,来赞美耶稣对世人的救赎。约翰·牛顿曾经做过奴隶贩子,他说是上帝引领他从一场海上风暴中生还,就像圣徒保罗去大马士革途中所经历的那样。这件事对精神的影响是持续一生的。牛顿金盆洗手,把自己献给了教堂,倾尽一生,散布爱、感恩和恩典的福音。

《奇异恩典》到底赞颂的是什么样的优雅恩典呢?当然啦,有很多种解读,就算是基督教信徒,看法肯定也是不尽相同。这本书大部分内容阐述的都是:优雅既可以是天生气质,也可以后天培养,通过有意识的练习去获得。而很多宗教则把他们所得到的优雅(恩典)看作天神的赐予。基督教徒们认为,这是最最纯洁的礼物:这是完全不求回报的赠予,你不用做什么事情去让自己"配得上"或者做出回报。不管你多么糟糕,这恩典也会降临到你身上。这是上帝倾囊相授的,从他的心到你的心。

这种倾囊相赠，这种赐予，蕴含在了希腊语的《圣经·新约》里"优雅"这个词的词源里。希腊语单词"charis"，"charites"的单数形式，翻译过来就是"优雅"。但研究《圣经》的学者们注意到，早期这个词有个含义是"恩惠"，一个人给予别人的善意的礼物或行动。Charis 包含的意义，有真正伸出手，向某人靠近，做出给予的姿势（这让我们又想起 Charites，古代神话中的美惠三女神，她们把天赋的快乐与愉悦散布给人们）。Charis 是个充满动态的词。在我看来，上帝的"charis"，就像开始跳一曲不可抵挡的舞蹈，一场以宇宙为舞台的恰恰。他伸出他的手，邀请你和他共舞，承诺说要是你不小心绊倒，他一定会扶着你。上帝就像一个体贴的舞伴，给了你神圣的优雅恩典，其实就是把他自己献给你。

优雅（恩典）"是上帝自己的生命，就是他的生命，无须感恩，没有条件。所以才如此重要：那是生命的来源"。我问起优雅的意义，天主教牧师麦克·霍勒伦（Michael K.Holleran）在纽约哥伦比亚大学的圣母大教堂回答说。

"优雅也可以是一种美学上的感觉，我们所有的行为也能借此变得优雅，"他继续说，"我们的思想、语言和行为都能被它所改变。"麦克神父是个佛法传道者，他曾经用了二十二年，遵循加尔都西会教士的无声修行原则。他很热衷于推崇冥想的传统。虽然看上去也许有点矛盾，但优雅的动态也是这个传统很重要的一部分。神圣生命的力量，万能上帝给予我们的爱，以及我们对这种爱的传递，这些都是上帝这个神话的深远基础,也是破解我们自己人生之谜的基础。

"多年以来,我的晨祷都是在手舞足蹈的。我追随了圣经里那些诗篇的内在感召,"他告诉我,"我实在控制不住。做弥撒的时候,也是一曲舞蹈,什么动作都能做得出来。我们的一生都能变成一曲舞蹈,有时候古典优雅,有时候更像现代舞,但这一切都是优雅的恩典,一切都是神圣的运动。"

我们聊天的时候恰巧是2月11日,露德圣母盛宴日。据说就是在这天,圣母马利亚在法国小镇露德向一个女孩显灵。我和神父聊起传统的天主教祷告词"万福马利亚",开头的那句"万福马利亚,满被圣宠者"(万福马利亚,优雅满身者),其中蕴含的意义,不只是耶稣的母亲在故乡拿撒勒行走的状态。

"她身上蕴含着极其丰富的生命力与爱。优雅的圣宠布满她全身,满到无法再超越,"麦克神父说,"我们相信,马利亚是一个渠道,是神圣之爱的媒介。我们可以接近她,就像接近佛祖,从他们身上获得神圣的能量。马利亚和约瑟夫将这样的圣宠倾囊相赠给别人,而我们也得到这样的召唤,将优雅的恩典倾囊相赠给别人。这是充满动态的。所以,这样的舞蹈才那么富有表现力和感染力。"

要把无条件的爱奉献给别人,这并非易事。

上帝的这种能力让人无比敬畏,就像约翰·牛顿那动人的歌词:"……我等罪人,竟蒙赦免。""我们总需要经历失败,才能敞开心扉,"麦克神父继续道,"你懂的,'哎呀,我完全搞砸了呀。但是上帝来了,将我全身都灌注了爱。'所以我们才会觉得如此奇异,本来也应该如此。这是不求回报的,而爱本就应该不求回报。也让我们受到感召,用同样的方式去对待别人。这样整个世界都能焕然一新。"

詹姆斯·马丁(James Martin)是耶稣会的神父,经常做客美国电视频道"喜剧中心"的《科尔伯特报告》(*The Colbert Report*),还写了一本畅销书《对(几乎)万物的耶稣会指南》(*The Jesuit Guide to (Almost) Everything*)。他也认为优雅的恩典就是伸出援手,提供帮助,用爱去平息苦难。他说,这是"上帝在和我们交流他的自我"。

"优雅的恩典意味着,我们能够对上帝的样子有所感触,当我们与上帝相遇,会觉得深受鼓舞,精神振奋,有所慰藉,"马丁说,"这就让我们真正活跃快乐起来。这样生命就不是无意义地耗费时间,而是熠熠生辉,做了你之前没曾想过的事情。"他举例子说,最近主持了一场好友的葬礼,从安慰他的家人,到写下布道词,再到做弥撒。"真是让人筋疲力尽。我回头再看,会觉得,'啊,我是怎么做到的?'答案就是上帝优雅的恩典。为什么大家觉得我说的话很安慰人心呢?也是因为上帝优雅的恩典。"

马丁每天都目睹这种优雅的恩典,但他也觉得大家对这种恩典的欣赏和感激越来越缺失。"并不是说人们没有体会,而是没人邀请他们去聊聊这种感觉,没人邀请他们去仔细想一想。我们的生活太忙乱,没有时间思考……关键是要看你注不注意,发没发现。"中世纪当然是很黑暗很有问题的，但值得我们去追溯反思的一方面是："注意到上帝是日常生活的一部分。整个世界充满了上帝的存在。今天，整个社会却鼓励我们不断生产，保持忙碌。"但如果我们用和平时工作一样的努力，去辨认那些优雅恩典围绕我们的时刻呢？马丁做了个小小的假设：从无数的电子邮件中暂时抬起头来，注意看看你放学回家的孩子，他很兴奋激动，说自己测验拿了好成绩。想象一下他的感受，还有你的感受。这一切都是优雅的恩典。

那么，是不是任何事物，所有的事物，都是优雅恩典的一种形式呢？在马丁看来，的确如此："我觉得所谓圣人，就是会认为生命中的每个时刻都充满了优雅的恩典，每个时刻都有机会去与上帝相遇。"换句话说，就是那种能注意到普通事物的美，把生命看作奇迹的人。

"如果注意不到，那实在是人生的悲剧，"马丁说，"优雅的恩典是一种体验，而要体验某种东西，首先就是要去注意。就像我们耶稣会教徒所说的，去细细体味。"

马丁·马尔蒂（Martin Marty）是杰出的路德教学者和芝加哥大学神学院荣誉教授。我问他关于优雅恩典的问题，他引用了一首英国维多利亚时期诗人和耶稣会神父杰拉德·曼利·霍普金斯（Gerard Manley Hopkins）的诗，诗题是"上帝的庄严"，描述了神圣上帝那母亲一般的爱，通过直接和可感知的接触，为这个世界赐予美和优雅，如同母鸡孵蛋。诗的开头写道："全世界都充满了上帝的庄严"，而结尾是这样的：

> 虽然最后的风光熄灭，世界陷入黑漆
> 哦，东方又破晓，晨光又来临——
> 因为神圣在这扭曲的世界降临，
> 啊！看那温暖的双乳，与闪亮的羽翼！

马尔蒂说，这种施与保护的优雅恩典也是一种力量，命令你的同时又在释放你。优雅恩典不是一个抽象的概念，而是从实实在在的人类行动中就能看见的。

"对基督的爱能控制我们。为什么呢？因为这种爱让我们释放。"他说，"这让你感到轻松，让你可以跨越很多边界。"他举了个例子，弗朗西斯当选教皇不久，在复活节那一周为穷人布道。传统上说，教皇应该在耶稣升天节[1]那天举行仪式，为十二个选出来代表耶稣门徒的教士洗脚。但弗朗西斯做了更多的事，他去了意大利的一个监狱，为十二个犯人洗脚并且亲吻他们的赤脚，其中有穆斯林教徒，也有女性。

"这就是优雅的恩典，"马尔蒂说，"你要超越自己的界限。通过这种优雅的恩典打破种种界限。"

---

[1] 复活节后第四十天以后的第一个星期四，又称为"濯足节"。

在这种情境下,优雅的恩典就像是艺术的灵感。"音乐家、作曲家都在做什么呢?是在超越常人的局限。为什么要跳舞呢?为什么不走走就好了?你就是要打破局限。那些信仰神圣优雅恩典的人,整个生命就是一场盛大的演出。"

伸出援手,用爱解决困境,鼓励常人超越自己的局限,去关心彼此,照顾彼此,所有这些神圣优雅恩典的教诲,不仅存在于基督教之中。我向一位犹太教教士请教犹太版本的"优雅恩典",他言简意赅地总结道:神的亲切恩德,能让我们不费力地做高尚的人。

"优雅的恩典,是一种品质,能够产生爱,"华盛顿一家历史悠久的犹太教堂的助理主管斯科特·佩尔洛(Scott Perlo)说,"如果你有了这种品质,人们就会爱上你。你身上有种东西,特别,无形,难以定义,就让你的一举一动有了特别的美。"

比如,《摩西五经》中提到的诺亚,世界上第一个感知"优雅恩典"之人。《圣经》中的情节很说得通:上帝非常喜欢诺亚,选择他作为方舟的领航人,渡过泛滥的大洪水。"诺亚在耶和华眼前蒙恩,"斯科特教士说,"神之言的核心,就是说诺亚身上承载着很深的含义。到底是什么呢?他是个正直的人、道德高尚的人,他在神眼中看见了爱。神对他有着无条件的爱。"

和《圣经》的很多内容一样,这也是可以做很多不同解读的。"我问了很多研究犹太教的专家,对此有什么看法,"斯科特教士常常思考"诺亚在耶和华眼前蒙恩"这句话到底是什么意思,"有人说这恩典是怜悯。希伯来语中的'怜悯'和'子宫'一词有联系,这种爱就像母亲的爱,没有理由,这和基督教对恩典的解读很相似。但也有人认为,诺亚一定是做了什么事情,才得到这种恩典。诺亚身上有某种品质,让神爱他。"

  教士做了这样的解释:"有些人就是不管做什么都取悦不了?还有的人呢,就很容易取悦。这就是很和蔼亲切的人。"也许神眼中的诺亚就是如此。无论如何,神的亲切和蔼也是如此。他对待我们的方式,让我们感觉到被爱、被需要,也让我们反过来以优雅恩典来行事。斯科特教士的解释,让我想起麦克神父所说的优雅恩典的动态连锁反应:上帝将优雅恩典倾囊相赠予我们,我们把这优雅恩典转递给别人。

  "亲切和蔼,"斯科特教士补充说,"就能让别的人也优雅起来。"换句话说,你亲切和蔼,让自己很容易被取悦,这是一种天赋。比如,你让别人站在聚光灯下,拼命送上鲜花与掌声。和蔼亲切的人,用自己对别人不带偏见的肯定,创造出轻松的氛围。比如,假设我要去火车站和编辑见面,然后一起去纽约写个什么重要的文章。再假设我离开家以前,电脑崩溃了,或者找不到钥匙甚至钱包了。而地铁上又耽搁了很长一段时间,等我到了联合车站门口,急匆匆地提着行李上了台阶,发现等候区空无一人,因为人人都上车了。但是,我看到了奈德,我的编辑,带着灿烂的微笑跃入我的眼帘,没有一点责怪之意。他热情伸手接过我的行李，我俩飞奔上车，时间刚好。其实这些都是真的，而我的编辑好像觉得，我上气不接下气地赶来，整个人汗流浃背，无比狼狈，这样开始出差，似乎也没什么问题。

这就是和蔼亲切。

"上帝充满怜悯，又和蔼亲切。这样我们才会优雅恩慈，讨人喜欢，令人愉悦，"斯科特教士说，"《摩西五经》中的优雅恩典，是一种特性，是美德，是你通过对别人和蔼可亲，给予他的礼物。我解释清楚了吗？好像也没有。这是一种很难说清楚弄明白的品质。但大家又好像都明白一些。"

和希伯来语中一样，阿拉伯语中的"怜悯"一词，也和"子宫"有关，而在伊斯兰教的传统中，怜悯就是对优雅恩典最好的解读。这个解释来自尤姆耶·伊斯拉·雅姿修露，费城圣约瑟夫大学的伊斯兰研究教授。我问她关于优雅恩典的问题，她做出如下回答：

"神有九十九个完美属性的美妙名字，比如宽恕者；还有为无辜者与公平正义的复仇者。"雅姿修露说。她有本著作叫作《在当今时代了解古兰经奇迹》（*Understanding Qur'anic Miracle Stories in the Modern Age*）。"但我觉得很有趣的一点是，《古兰经》中最频繁提到的是，神是怜悯者。神创造整个世界，创造人类，都是出于怜悯。神通过怜悯的呼吸来创造世界，而且一直在创造，一直在支撑。"

和基督教以及犹太教的观点一样，我们对别人做出优雅的举动，自己也会感受到无穷无尽的怜悯与恩慈,雅姿修露说:"比如,我在你面前做了件很让人尴尬的事情,而你很好心地没有在意。这就是一个非常优雅的时刻。你对我做出了优雅的举动,也让我一窥神的存在。"

雅姿修露有点轻快的土耳其口音,说话的时候声音里有种小猫一样的咕噜,一点一点地荡漾开来。很难想象这么迷人的一个人会做出什么令人尴尬的事情,但她轻轻笑着说,问题就在于此。我们全都脆弱敏感,很容易受伤害。我们可能会担心世界另一头的陌生人,在新闻中看到别人的不幸,我们也可能会感到沮丧。动物就不会受这样的影响。人类是很容易受到伤害的。但这种脆弱,这种对安慰的需要,这种希望别人也得到安慰的渴望,也让我们在经历优雅恩典时觉得如此可贵,她说。如果我们不需要优雅的恩典,那么接受的时候也不会有那么美好的感觉了。"我们都需要陪伴,需要爱,需要宽恕。我们内心深处都是非常脆弱的。这一切都很痛苦,除非我们意识到,一定会经历优雅的恩典,"雅姿修露说,"我们可以敞开心扉,从各个途径去感觉神的怜悯,去享受治愈、宽恕、感恩与安全。"

我问,在伊斯兰的传统中,一个人是否可以回报神的优雅恩典,或者是否需要做出什么努力去得到。"从某种程度上来说是的,但也不能完全这么说,"她说,"没有我,世界照常运转。但那个人觉得,要是没有了伊斯拉,这个世界就缺失了什么。我不能说自己配得起这样的珍视。这是纯粹出于怜悯的行为。但我们要敞开心扉去接受，并有意识地将这种怜悯反映到别人身上。"

她举了下面这个例子："有个神秘的故事中讲到神的优雅恩典。天降瓢泼大雨，灵性的导师会说，你应该把遮雨的桶倒过来，接住雨水。雨水灌满了桶，就是一种很积极的暗示，说明你敞开了自己。"

一切都可以归结为去接受人类的这种脆弱，雅姿修露说："日常生活中，我们总是会觉得，要满足自己的需求，就需要剥夺别的某个人的需求。这是忙碌世界的必然。但有不同的世界观，认为这个世界丰腴富足，人人的需求都可以被满足。我关心你的需求是否被满足；我要看到你快乐，自己才会安宁。这让我们更为脆弱，但也让我们有更多机会去体会和传达怜悯。"

准确地说，任何有"神"这个概念存在的宗教中，人类的脆弱都是中心议题。比起高高在上的神圣力量，凡胎俗体显然是比较弱小的。因此，神圣优雅恩典的吸引力非常符合逻辑。对于弱小、脆弱的人类来说，接受上帝的优雅恩典，让自己的生活、与别人的相处，这一切的一切，都更为容易。

不过，也不是所有的宗教都有优雅恩典的传统。我与罗格斯大学的印度教教授爱德温·布莱恩特（Edwin Bryant）聊天，他说起一些印度教派特别过激的冥想活动，那些活动"艰苦朴素到难以置信，你要居住在森林里，几乎不吃不喝，甚至几乎不呼吸，"他说，"这些不是优雅恩典的传统，而是来自人的意志力和心理控制。"但是在印度教最著名的古代经典《薄伽梵歌》中，克利须那神说起他的优雅恩典（梵文里叫作"prasada"）的几个关键时刻，很明确地把优雅恩典和轻松平和联系在一起。布莱恩特说，从根本上看，克利须那这个绝对的最高存在，表明的观点就是，对他的虔诚，其实就是希望得到他的优雅恩典与怜悯，比起那些严守清规戒律的仪式与冥想活动，前者更容易得到神启。"将你心放我身，在我的优雅恩典上，你会克服一些障碍。"一场史诗战斗的前夜，克利须那告诉向他寻求帮助的王子战士阿周那，"哦，阿周那，神在所有生物的心上存在……通过他的优雅恩典，你当得到最高的安宁与永恒的住所。"

"你应到我身上。"克利须那告诉忧心忡忡的王子。这些文字写下数千年之后，你仍然能感觉到神所给予的这种轻松和优雅。

"在我看来，优雅恩典和宗教什么关系都没有。""关于信仰"网站的总编和建立者萨利·奎因如是说。她说她自己是有灵性的，但并不信教。对她来说，优雅恩典最显著的地方，是那些培育和爱护别人的行为，是那些突然让你升华的惊人时刻。

奎因告诉我，她在丈夫病危之时体验到了这种优雅恩典。她丈夫是《华盛顿邮报》前任总编本·布拉德利（Ben Bradlee），引领这家报纸长达二十六年，经历过"水门事件"的报道，成为这个时代最著名的报纸编辑。我跟他只是点头之交；我去邮报上班时，他已经退休了，但偶尔还是会在大楼里出现，脸上带着柔和灿烂的笑容。他很支持特稿写作和艺术报道，还总出现在时尚版的假期聚会上。但这个以领导魅力与蓬勃活力著称的男人患上了失智症，深受其苦。生命的最后两年，总是时不时地陷入意识模糊之中。奎因说，晚上是最糟糕的，布拉德利总会出现幻觉，精神上饱受摧残，尖叫着醒来，无法安抚。完全不能让他独自待着。

"照顾他的那段时间，对我来说就是经历了优雅恩典。"奎因说。2014年10月，布拉德利去世两个月之后，我们坐在他们摆满了书的书房里。这里是乔治城，他们共同的家，房子很宽大。布拉德利享年九十三岁，比她大了整整二十岁。到现在奎因还每晚梦到丈夫，梦见自己问他，你感觉怎么样？需要什么吗？她怀念照顾他的那段时间。

"那段时间让我感觉——嗯，不能说快乐，因为他的病情一直在恶化，"她说，"但是给了我很大的满足感。虽然很痛苦，但也让我觉得很丰富。"奎因每天早上为丈夫穿衣，给他梳头的时候，两人都觉得特别开心。

在华盛顿国家大教堂举行布拉德利的葬礼之后，奎因和家人驱车去公墓为他下葬。他们的一个孙子走出公墓的小教堂，发现一头八角雄鹿站在午后的雨幕中，平静地注视着他。这真是一种安慰，一种优雅的恩典。

和这些充满灵性的人们对话时，我开始更清楚地看到，优雅的恩典如何成为我们所珍视的很多东西的基础，不管我们有多么不同的信仰、文化、传统，不管我们信教还是不信教，是怀疑论者抑或还在探求。优雅恩典所存在的惊人特性，给人带来的安慰和轻松，已经以各种各样的形式交织在人类的故事当中。我觉得宗教对优雅恩典的解读如此美丽，而且从直觉上来说也非常熟悉，因为这恰恰映照出我长久以来对优雅的感觉。特别是说，优雅恩典是不求回报、完全免费给予的礼物，就像你对你的孩子或别的所珍惜的人的爱，不管他们做出多么让你生气的事情。比如说，就算那天半夜你被警察的电话吵醒，说你孩子朋友的过夜晚会变成了喝酒的狂欢，有人吐了，你的孩子出门去买纸巾，帮忙清理地毯，但唯一开门的店需要跨越未成年人的宵禁线，结果就被警察抓住了。你听完只有一个感觉，就是松了口气，原来他只是做了一件傻事，你忙不迭地在电话里说些语无伦次的、混杂着感激、快乐与爱的话语。那就是优雅在倾泻而出，从宇宙中倾泻而出，让你全身浸透，从你心中喷薄而出，将轻松沉着带入眼前的黑暗。优雅会为一切染上仲夏夜星空闪烁的那种宝石蓝。

生命和宗教一样，是神秘事物汇成的瀑布。对我来说，优雅就是最深层的神秘。优雅的概念植根于世俗的、宗教的和灵性的领域，而且在这其中游刃有余地来来回回。你看看这么多年来，约翰·牛顿写下的颂词是如何传唱千秋，全世界的信仰传统中，又是多么宣扬优雅的恩典。这就是优雅真正奇异的地方：它可以永久地分配传播下去。

第十六章

优雅生活的技巧

呜呼！一旦我们忘记了优雅，所作所为便没有一件是对的。

——威廉·莎士比亚《一报还一报》(*Measure for Measure*)

优雅有着最最纯粹的风格，其中真是毫无复杂可言。

如果你有意识地遵循妈妈的教诲，关心别人，照顾别人的感受；如果你努力去对他们的故事感同身受，明白他们的需求，不仅仅关注自己，那么通往优雅的大门就敞开着。你会身姿美丽地站在门口。

一切都好。接下来该怎么做呢？

嗯，调整你的姿态。本质上，你的姿势就代表了你的观点。你的站姿反映了你对生活的态度。你的感觉会影响你的动作。

"仅仅从一个背影，我们就能看见气质、年龄和社会地位。"艺术评论家艾德蒙·杜兰迪（Edmond Duranty）写道。他的好友埃德加·德加对背影十分痴迷，最痴迷的要数画家玛丽·卡萨特（Mary Cassatt）的背影。德加画了两幅画和十几幅手稿，都是这位画家在卢浮宫注视画作时的样子。这是他表现最多的同主题画作之一。

他显然对卡萨特的姿势很感兴趣，因为每幅画里她都是同样的站姿。大多数手稿都是画的她的背影，整条脊柱清晰可见。看她背上微微弯曲的弧度，看她的双肩朝后扩着却很放松，一条手臂轻轻垂着，另一条随意地撑着一把伞；看她若有所思地斜着头；看她所有身体部位达到那么优雅的和谐。这些因素让她的自信，她的独立一览无余。在这全是金框画作的画廊里，在这有些人会觉得有点吃不消甚至自惭形秽的环境里，她是这么自如，这么如在家中。

姿态是优雅行动的基础。"我喜欢训练动作，"著名舞蹈教师玛姬·布莱克（Maggie Black）曾经说过，"但是只有站立站对了，才能开始训练动作。"从20世纪60年代到整个20世纪90年代，纽约所有主要舞团的舞者蜂拥而去上她的课，因为她会从解剖学的角度教课，强调简单自然的动作。这也是舞者应该有的起步。

糟糕的姿态会屈服于重力。当然，重力是一直存在的，最终我们都将受其影响。但优雅的姿势看上去能够稍做反抗。有了优雅的姿势，你看上去甚至像在漂浮。至少你会有轻盈的步态，而不是迟缓笨拙。

我十分相信姿态能带给人根本的变化。我小时候有脊柱侧凸的毛病，医生警告说，我最终可能需要带一个背部支架。嗯，但是我没有，这要归功于芭蕾舞课。八岁的时候，我开始学芭蕾舞，十二岁开始全身心地投入这种艺术形式当中。高中时，我见芭蕾舞老师的次数，比见父母还要频繁；每周六天，我一天上两小时的芭蕾课。没有哪个医生再说我脊柱侧凸。这是不是就证明芭蕾舞治好了我的病呢？也许不能。但芭蕾舞矫正了我的脊柱，这是毫无疑问的。芭蕾的基础，就是身体的垂直对齐。从很远的地方，仅从其姿态就能断定一个人会不会跳舞。这是舞者的第一课，每一堂课的开头都要练这个。双臂先进行舒展，随即提升脊椎、腰腹和整个上身，舒展骨盆。这种舒展和轻盈延伸出来，就变成了自由的动作。

研究生时期，我不再上芭蕾课。你可能想不到，我的背部支撑不住了，要是走得太多，会有一阵阵刺痛。接着我生了三个孩子。怀老三的时候我的样子非常丑，总是用手撑着背，步态蹒跚笨拙。实在太感谢魔术贴束腹带（是啊，是有这个东西）了，这真是上天恩赐的发明啊。

接下来的几年里，我通过游泳来加强背部力量，但真正完全消除我的不适和僵硬的，是瑜伽。瑜伽和舞蹈一样，非常注重对姿势的训练。我衷心推荐大家试一试。我还喜欢瑜伽同时强调内心的状态，注重深呼吸，平和心态，这些都是优雅和镇定的核心。瑜伽的动作帮助打开身体的不同角度，消除紧张，放松，但也是要建立对身体机制的意识，明白这如何影响到你的心情与眼界。呼吸练习能够扩展你的内部组织和器官,既让你放松,又灌注活力。正确的呼吸,要提升胸腔,运气丹田,这也能拉长脊椎。如果你有那么短短的一段时间完全专注于呼吸,真正去感觉那呼吸像一小阵一小阵的潮水,清洗冲刷着你,你就能明白这种训练的重要性:灵活自如,让人满足又放空的感觉能够给你带来轻松的心情,优雅的心态能带来平静喜乐。

还有一本书我也很喜欢,即《姿态新准则:现代世界如何坐立行走》(*The New Rules of Posture: How to Sit, Stand, and Move in the Modern World*),作者玛丽·邦德(Mary Bond),曾经的舞蹈演员,罗尔夫结构学院(Rolf Institute of Structural Integration)认证的罗尔夫按摩治疗法医师。她用清晰易懂的语言,解释了意识、稳定和健康动作的原则,特别强调了轻盈和轻松。

很多活动都能让你获得优雅,改善你运动的方式,只要你能将这些技巧运用于日常生活中。找到你想做的事情是非常重要的。比如我唯一热爱的运动就是游泳。在清凉的水中前行,浑身轻若无骨,完全舒展,那感觉实在太棒了。而强调缓慢、宁静、连贯动作、气的通畅、站立冥想的太极拳,毫无疑问是最最优雅的锻炼了。很多人都知道太极拳能够减缓压力和焦虑,增强身体的灵活性与平衡,这些都是优雅的重要组成部分。我对太极很是欣赏,因为我哥哥长期研习太极,教授太极,还在巡回赛中获得过冠军。他的气质就非常镇定自若,从不慌张,像加里·格兰特一样,姿态非常美。事实上,他是个非常优雅的男人。

舞蹈课、太极,甚至是合唱团的训练,都会有缓慢和系统的热身训练,所有的训练都推崇联系呼吸。要找到正确的节奏韵律,那么每个人都要把呼气和吸气调整到同步。稳定的呼吸能让你不那么费力,带来一种轻松的感觉。最近,瑞士一项小规模研究显示,合唱团成员较慢的呼吸节奏,也使他们的心跳同步起来。这种心跳与呼吸相联系的现象,称为呼吸性窦性心律不齐(简称RSA)。从生理上说,RSA有舒缓的效果,还能增强心血管功能。瑞士的神经科学家在研究中展示,歌唱一开始,成员们的心跳就开始变得彼此一致,他们发现了任何加入合唱团的人都心照不宣的事实:与别人一起歌唱的感觉很好。

瑜伽课也能显著地证明这一点。首先学员们会在教练的帮助下同步呼吸,并且一起诵经。诵经能产生一种集体的呼气效应,你也不用太用力地去思考经文的灵性含义,就能达到基本的生理功能:听起来很悦耳,感觉也很好。

我有个同事,踝关节持续疼痛,而且坚信一个人走路的姿势是不可能改变的。他大错特错了。无论你现在是什么年纪,你都能改进自己的站姿和步态,找到一个能让你平顺地度过余生的柔软优雅的姿势。这并不难。又不是修金字塔或者恢复经济。除非是需要专家来看护的情况,我们中的大多数人其实只是需要正确的意识和锻炼。好的姿势是有连锁效应的：如果你有小孩，你对姿态的锻炼也能帮助他们。孩子会模仿各种各样的身体语言，就像他们会有和父母相似的表情、姿势，或轻松或紧张的动作风格，孩子也会模仿大人在姿态上的习惯。

姿态是个持续的过程，是动态的，并非静止的。努力去训练，就能改善。但千万不要接受任何说姿态可以刚硬的说法。好的姿态是舒适的、平衡的、流动的。你希望自己优雅而轻盈，下面就给你介绍个简明的教程：背靠墙站着，头、肩胛骨以及臀部都贴着墙面，然后迈步离开墙壁，但保持刚才的姿势。深呼吸，感觉上身随着脊柱提升起来。想象一根线从头顶整个把你向上拉。你脖子后面的肌肉变得柔软，你的双肩放松，宽宽地向外舒展，略略往下飘浮。这是非常轻柔和微妙的动作。像士兵那样强制往后扩肩，会让你颈项紧张，让你的头不由自主地往前伸。你要想象肩胛骨随着深呼吸和胸部的微微起伏滑到了正确的位置。

现在，想想你的上腹部，想象周围有舒适温暖、有塑形作用的支撑。一次我听到电视剧《唐顿庄园》中的一名女演员说他们演戏时穿的束身衣以及专门的内衣迫使她们站得更高更挺。这就是你想要的形象。麦当娜风格的笼子一样的绑带可千万要不得，其比较像是束身衣那种。我们追求的不是僵硬，记住，目标是要自由地动作。只是需要在身体中央有温柔而灵活的拥抱，然后将中心点往脊柱的方向引领。

最近,很多课程都非常强调核心力量,我当然也不否认这种训练带来的好处。但六块腹肌跟优雅的动作没有任何关系。你需要腹部提供一些支撑,让你的上半身挺直的同时保持轻盈。收缩相关肌肉的时候,也要想着提升双腿,想象超越了髋骨的局限(这是很微妙的感觉,不允许去故意抬升骨盆),活跃你的四头肌,抬升膝盖和踝关节,不要下限,也不要突出。将身体的重心放在脚面中央。我们常常倾向于把重量压在脚跟,所以你可能需要稍稍重心前移。

再把注意力回到上半身,感知身体的每一个部位,感觉它们上升,飘浮在空中的小小垫子上。你就站在空中,完全不费吹灰之力,整个身体的气韵都聚集在头顶。

几年前,我有幸采访了吉莉安·林恩(Gillian Lynne),那实在是一次愉快的经历。她是很有才华的编舞教练,《猫》(*Cats*)和《歌剧魅影》(*The Phantom of the Opera*)都是她的作品,也是百老汇历史上流传最久的音乐剧。在那之前,她是萨德勒·威尔斯芭蕾舞团的舞蹈演员。我和她见面喝咖啡的时候,老太太已经八十二岁高龄,对优雅运动的热情却丝毫未减。她身材苗条,双腿修长,充满活力,灿烂得像古罗马的焰火筒。她给我留下两个非常棒的姿态形象,她站起来的时候,把双手交握在双腿之间,作为胯部的安全带,还喊道:"起来!起来!我不累!"她心里还在暗示:"乳头都要着火了!"

"我也经常朝演员们这样喊。"林恩告诉我。

"第一个进入舞台的东西就是这个，"她胸腔起伏，"必须要带着火一般的活力，必须要提起观众的热情。"

好的姿态也能让你看上去更高挑，更苗条，更自信，更典雅。但好处还远不止这些。正确的姿势能改善你的健康状况，加强你的血液循环，增强呼吸，减少背部肌肉、韧带和椎间盘的压力。糟糕的姿势不仅仅是不堪入目，对你自己也是坏处多多。对健康的副作用包括颈椎疼痛、很多动作做不到、肺功能减退、周身的循环流通也会减弱。2007年8月刊的《神经科学学刊》(Journal of Neuroscience) 刊登了一项研究结论，说可能由不规范姿势或是伏案造成的颈部肌肉紧张，也许会让血压升高。类似的，久坐的后果也不仅仅是不优雅的驼背或松垮不好看的姿势。已经有研究证明，久坐也会危害健康。《美国临床营养学刊》(American Journal of Clinical Nutrition) 刊登了2012年的一项研究发现，习惯久坐者死于心血管疾病和癌症的风险更高。

所以，带着优雅点燃你的乳头，把身子动起来吧，这对你好处多多。

"行走，"医学之父希波克拉底 (Hippocrates) 写道，"是人类最好的药。"

好的姿势能让你感到振奋。接下来就是好的步态。但是如果看看人们走路的样子，大多数都是佝偻着身子，整个人沉到臀部去了。

为了平衡这个下沉的重心，我们的双肩、颈项和头就向前伸，这可不太优雅。如果你整个人是往臀部沉的，那就做不到抬头挺胸了。

你的上腹部是推动力的来源，如果那里是垮的，所有的力量都垮掉了。躯干应该有种舒适的张力，可以对抗重力，提升腹部和臀部，同时也帮助双肩放松，微微下沉，这样你才不会看起来像穿了个衣架。想象你好像三明治，身体的前后片在挤压中间，像舒服而有力的丝绸束身衣。

行走应该是一种愉悦。这可能是我们能对优雅做出的最原始又最深入的表达。我们整个一生都在行走，行走着进入世界，用身体去探索去观察，和别人互动，反射到神经系统和灵魂中去。行走起来的轻松和潇洒能发散到整个身体和精神中。这就是你的优雅，你有权利获取的轻松。请尽可能多地去行走吧。

好的步态，光是看看，也能让人充满活力。

如果你没有这样的习惯，那么从小事做起。我几乎每天都游泳，觉得自己身材还是不错的。但几个月前，当我决定开始认真走路，比如拿出柜子里放了好多年的运动鞋，每天在人行道上走个几公里时，我很快发现自己遇到了堪比"阿喀琉斯之踵"的难题。我想起自己为什么那么喜欢水，因为水中畅游不会带来疼痛。合适的鞋能够让行走的体验完全不同。

那种以健身为目的的长途健走，一定要买一双好的专业的跑鞋。现在这些鞋的颜色都乱七八糟的了，就连为我挑选跑鞋的人，一个大学年纪、跑遍全国的健儿，都对鞋的颜色有点绝望。但我倒是越来越喜欢自己那双柠檬绿加亮橙色的新跑鞋了。

不管什么场合，如果你想优雅，那就要穿能让自己走路的鞋子。否则，你就别想着优雅这档子事了。1958年路易·马勒（Louis Malle）导演的法国电影《通往绞刑架的电梯》(*Elevator to the Gallows*) 中，主演让娜·莫罗就把这一点体现得很清楚了。影片中，这位愁肠百结的美人整夜穿着尖头高跟鞋，在巴黎街头紧张地走着。我们都觉得她这心灰意懒的气质，是因为寻找爱人无果，但肯定也因为这双小小的折磨人的鞋子，她更觉得心酸了。这效果很有戏剧性，也许是导演马勒故意为之，我看着莫罗那别扭的步态，就禁不住皱眉头。

每天，我都在华盛顿街头看到很多女性的步态那么僵硬，扭曲，身体以笨拙的角度弯曲着。一个冬日，我看到一个可以画进四格漫画的年轻女子，她的步态很沉重，有点微微下蹲，膝盖弯曲，因为她穿着一双十厘米的露趾高跟鞋在雪中要穿过一条繁忙的街道，还一边低头看着手机，并用另一只手拉着孩子。这简直称得上个人姿态上一场暴风般的灾难。看着她我的心灵都受到了伤害。每一步都走得举步维艰，因为她要把整个移动的身体重心都压在那不稳定的尖鞋跟上。这是做不到的，我的朋友，除非你是碧昂丝，或者专业的变装皇后。要穿好"恨天高"，你需要非同一般的力量、高度和脚长。如果你的鞋码比较大，那么十厘米的高跟平均分布一下，好像也没那么可怕。不过，就算如此，你的脚也会痛得要死。

穿着细高跟鞋蹒跚而行的你，就别想着优雅了。你一整晚可能都会背痛，每个人看着你也都会觉得很不舒服。自信和自如，女同胞们，你寻找的鞋跟高度应该赋予你这两种品质，不要毁了你身体的平衡。做不到的就束之高阁吧。

你不用为了显得性感、青春和高贵，就毁了自己的双脚、膝盖和自然的优雅。顶尖的时尚设计师都会很明智地运用优雅动作的吸引力，有些最近也开始设计舒适的鞋子来体现这种优雅。2014年的巴黎时装秀上，香奈儿和迪奥的模特们走秀时穿的都是可爱的高端运动鞋。秋季发布会的美丽广告海报上，露着美腿的模特们穿着色彩缤纷的香奈儿西服短裙套装，穿着协调的跑鞋，在海报上跑着，她们的肩膀舒展着，腰部自然回缩着，像古希腊的古董酒罐上那些健美的运动员。

希腊人深谙如何强调身体的美与优雅。这在他们纪念那些裸着身子如天神一般的运动员的酒罐上显而易见，在他们的雕塑，诸如普拉克西特利斯那些裸身雕塑作品中也展现得淋漓尽致。他们运用衣物的褶皱，将优雅的动作带给雕刻的食材，半遮半掩之间，强调了身体弯曲和流动的曲线，全身没有别扭的过渡。通过着装你也可以达到这种效果。可以不穿紧身牛仔裤和绑带裙子，选择那种可以飘动的衣服。

画家和装饰艺术家玛利亚·奥吉·杜因（Maria Oakey Dewing）

在著作《服饰之美》(*Beauty in Dress*) 中写道:"让每位女性记住,让一件衣服美丽的,是和谐的色彩和优雅的剪裁,是合适的风格与适合穿戴者的需求,而不是多么繁复的材料或者奢侈的装饰。"1881年写下的这些话,到今天也依旧适用。

动感好的衣物,能够解放身体,吸引眼球,还能带来一种戏剧的感觉。A字裙、阔腿裤、衬衫连衣裙等衣物,要是气质和衣料结合得好,每走一步都是一种富有韵律的舞台表演。

我曾经和设计师卡罗琳娜·海莱娜谈起动感好的衣服。当时刚刚结束一场时装秀,灵感是20世纪30年代充满活力、大胆无畏、简约现代的包豪斯艺术。纽约时装周所有参展设计师的设计,最吸引我的就是海莱娜的设计。她的时装秀上,你永远找不到什么先锋前卫的衣服,但会发现永不过时的经典风格,简洁高贵,没有任何过度的装饰,那种非常优雅的柔和,不会张牙舞爪地挤到你面前来展示自己。海莱娜说,设计动感好的衣服,源于她对女性特质的理解。

"女性希望感觉自己并非一个僵硬的形状,"海莱娜边说边用手在空中画出一个方形,"不要穿那种方方正正的衣服。"另外,她补充说,"穿着动感好的衣服,你动起来也会更好。我为蕾妮做那条裙子的时候,就是这么想的。"她口中的这条裙子,就是女演员蕾妮·齐薇格(Renee Zellweger)参加大都会博物馆时装学院盛典时穿的金色蕾丝露背晚礼服,效果惊艳全场。

衣物所展现的优雅轻松,能让全世界知道,你穿着这件衣服非常舒适，能放飞自我，就算事实并非完全如此。20世纪早期，法国设计师保罗·波切利（Paul Poiret）是第一个"烧掉胸罩的女性解放者"，甚至还在胸罩真正诞生之前，他受到希腊罗马风格与和服的启发，鼓励妇女不要穿紧身衣，展现自然的优雅。数十年以后，候司顿继续了波切利这种放松的简约。让你的优雅更突出，把那些束缚你身体的针织衫和紧身裤甩到一边去，选择宽松飘逸的衣裙吧。

"生活变得如此休闲。"设计师马克·巴杰利（Mark Badgley）在一场巴杰利·马什卡春装发布会上告诉我。发布会上的衣裙设计有着水一样的波纹，飘逸灵动。薄纱上衣在雪纺的裤子上飘动，斜裁的修长礼服有着美妙的褶皱。巴杰利说，女人穿上其中的一件衣服，"走路的姿势都会和穿着牛仔T恤的时候不一样"。她唯一需要的，就是轻轻扭动美臀。

男人也一样，应该穿着剪裁更优雅、更有助于运动的衣服。但说起男装，阻止优雅的是对衣料的过度运用，使得衣服呈现一种膨胀的气质。我和顶尖设计师迈克尔·巴斯蒂安（Michael Bastian）聊过一件西装的衣料、剪裁和动感，以及当男人穿上时应该有的感觉。

"过去二十年来，美国的男人穿的衣服都太大了，"巴斯蒂安告诉我，"带来了很多错误的动感。"如果夹克的袖圈开高一点，就能更舒服，还能减少膨胀感，这样"走动的时候，你不是拖着整件衣服在走……你只需要在夹克和身体之间留下一两厘米的距离，这样就能有所余地，也用不了很多衣料"。

加里·格兰特对于自己的西装和衬衫的挑剔是出了名的，每个细节都要千挑万选，从衣料，到扣子，再到领子的感觉。他衣服打褶的地方，从来不会很紧身，但绝对不会松松垮垮，作用就是强调突出他举手投足的优雅。格兰特深谙衣装的力量。

我们都以为，自由的运动是理所当然的事。但这实际上是珍贵的财富。好好享受吧。挺直地站立，舒服地走动，让你天然的优雅推着你前进，别去阻碍它。

美国人崇尚休闲随意，但一旦太过，就会变得俗气，懒散，粗糙。相反的，如果你能稍稍在意自己的外表和仪态，就会自然而然地在每个方面都注意维持这种形象，从你的行走坐立到行为表现。欧洲人非常注重在与别人接触时展现出自己最好的一面。他们更有场合的观念。我曾清楚地见证过这一点。那是1990年10月3日，东柏林与西柏林之间的界线正式解除。约翰和我当时就住在德国。他拿着奖学金做研究，而我是自由撰稿人。前一天的子夜，我们和年轻的柏林人一起庆祝统一。他们涌向勃兰登堡门。柏林墙的修建让此门关闭了很久，成为政治分裂的象征。那蜂拥的人群啊，身处其中真是挺害怕的，毕竟他们正用很激烈的方式，奔向一个新的时代。但是，第二天，一切都改变了。

早上，我们回到勃兰登堡门，看到了非常不一样的庆祝：克制的满足代替了昨夜的狂喜。德国的男女老少只是在宽阔而绿树成荫的街道上愉悦地散步。这条街叫作菩提树下大街，从凯旋门一直延伸到从前的东柏林。尽情地长时间地散步，来探索那重新开放的地方，这是多么美妙啊！这自由的运动是一场历史性的行动，是国家自豪感与纯粹的喜悦的表达。大多数散步的人都穿得很正式，仿佛是要去教堂或者参加早午餐聚会。好大衣，好帽子，漂亮的围巾。他们满怀优雅，迈入了新纪元。

这悠然从容的散步代表了很多东西，但早已不是消遣的娱乐。我去过很多国家，在德国、法国和俄罗斯，都成为一名观众，在中场休息时，也参加过宽阔的大堂与剧场大厅仪式化的漫步。观众们舒展手脚，像是开始了另一场表演。他们穿着精致的晚礼服，谈论着观看的表演，和熟人偶遇寒暄，同时缓缓地和谐地漫步。每个人都这样轻轻地遇到一起，让这个场合平添了高贵与优雅。去山上远足，在海边散步，我在国外学习的那一年，这也是重要的生活内容之一。我的法国朋友们，以及借住的那个法国家庭的成员，绝不可能穿着笨重的运动裤在橄榄树林中笨拙地走路。

但我想说的重点是：踏入生命的流水，随着波浪漂流，尽情享受。最近一场关于优雅的谈话中，著名的意大利芭蕾舞者亚历珊德拉·费里（Alessandra Ferri）向我透露了她眼中自己祖国被认为轻松阳光潇洒的秘诀："不要怕享受生活，不要怕冒险，这是一种自由。"

她说得对。而这种自由来源于选择。你获得优雅，内在的，外在的，都是因为你愿意。这一切都要看你。你身体的轻灵，外表的高贵，在人群中的潇洒和快乐，都可以由一点点渴望来培养。首先你要融入人群，进行观察。注意你身边的优雅，就在你的邻里，在你散步的公园，在社交场合，在艺术作品，或者在旅途上。

"认真研读全世界的好书；不断地阅读，烂熟于心，学习写作的风格，变成自己的东西。"这句话出自查斯特菲尔德勋爵《写给儿子的信》(Letters to His Son)。这种研读能得来丰厚的回报。优雅让我们能轻盈潇洒地行走，温柔体贴地对待他人，也从他人那里收获温柔礼貌。优雅无论从哪个角度来说，都是为了让我们度过美好的一生。

结语
一辈子活在优雅里

"亲爱的,今晚我总算知道,在我们这个美丽的世界,一切皆有可能。"

——劳伦斯·罗恩海姆将军《芭贝特的盛宴》

有时候,优雅可能在你最意想不到的地方悄然而来,比如最高等与最低等的事物相碰撞时。也许有一天,关于人心的弦理论会取得突破,解释为什么尴尬和高贵会同时出现,为什么阴暗与魅力会同时击中你。

但在那之前,我们就将其唤作优雅吧。

优雅当然在很大程度来源于内在的力量。加里·格兰特就是个非常慷慨大方的人,能够适时出现,让年轻的朋友免于尴尬;玛戈特·芳婷也能忘记丈夫的背叛，无怨无悔地照顾他。但优雅也关乎脆弱，关乎向同样有缺点和脆弱的别人暴露我们人性上的缺点与脆弱；关乎在很多小事情上袒露我们自己，用身体与精神建立纽带。

这就是"启示"这个词的来源：赤身裸体地躺着。也许正因为如此，叶卡捷琳娜赤身裸体的优雅才那样富有启示性。

无论我们是在街上的谁向我们快乐地问候中看到优雅，还是在等待我们许久的人那里得到一个谅解的微笑而于如释重负中感觉到优雅，又或者只是内心因为氛围变化而微妙地感知优雅，无论如何，优雅都能带来启示的一刻。现实会带着你跳一曲脱衣舞，这不是一句玩笑，而是一个事实。人或者事情赤条条无牵挂，把那些阻挡我们真心的东西全都洗掉。

有些人的"情感雷达"像猫一样，特别灵敏。而我真的有那么一只容易受惊的花猫，地板"嘎吱"响一下也能被吓得一蹦老高，而且一点也不喜欢我们抱它。但要是我生病了，或者情绪不好，或者夜晚失眠，它就会非常认真地守在我身边，咕噜咕噜地，仿佛是海军总司令派它来做报告。和这猫具有同样安抚作用的，是你经历一整天阵痛还未成功分娩时，坐在你床边那充满智慧的助产士，还在坚持不懈地帮你实现顺产的梦想。助产士和你坐在一起，帮你按摩背部，有时会让你觉得自己特别愚蠢无能，并且春风化雨地让你适量用一点药，因为现在的疼痛无济于事。

迈克尔·杰克逊（Michael Jackson）的私生活可谓麻烦缠身，但他在舞台上总是那么优雅，仿佛进入了一个更安静、更平和、更完美的世界。杰克逊和他的"月球漫步"将永远被联系在一起，提他就必然要提到那流畅精妙的滑步。对于这位特别难以捉摸的神秘明星，还有什么更好的表达呢？私生活混乱不堪，演唱会现场热闹非凡，杰克逊那周身的酷劲儿就越发凸显，转身，倒滑步，经过整个舞台，仿佛飘在空中。杰克逊用这种极具个人色彩的滑步，把所有世俗、糟糕和可以预料的事情全都抛在脑后。他是那么神秘沉默，总是远离我们，仿佛那月球漫步，将他带得远远的。

但就算他逃离人群，也已建立了纽带。因为优雅能够将两种截然相反的感觉联系起来。他用精彩的滑步与公众建立了一种出自本能的纽带，填补了音乐本身没能完全捕捉的空白。

我们在这个冷漠且常常很残酷的世界上奔忙，优雅能帮我们建立温暖的纽带。这一曲欢歌中，我们都是舞伴。回想詹妮弗·劳伦斯跌倒和精彩的救场；回想那位衣着随意的佛祖唱着歌请我们在人行道上让一让；我发现，我们周围其实秘密地飘散着很多优雅的举动，也许并不秘密。

但我还是始终难忘加里·格兰特，他给人自信，不让人自惭形秽，总是照顾着周围的人。

突然间，我发现，我见过他，见过很多和他一样优雅无比的人，这一生每时每刻都在遇见。我的记忆中闪现着一个时刻，一种闪亮、尖锐而崭新的东西进入平淡的日常生活;或者说是低沉糟糕的深夜,人性突然转过身来凝视我。

那是几年前,我和约翰还住在国外。我们进行了很多探险,其中有一次是去南法自行车环游六个星期。单车是从德国的百货商店买的,质量不太好。我们骑行经过古罗马的道路,一路喝着红酒,吃着巧克力,还吞了很多浓缩咖啡,经常在星空下露宿。但雨天除外。

一个雨夜,我们来到东南山区的一个小镇。我们和平常遇到坏天气一样,开始寻找廉价的旅馆。镇上只有一家,而且关门了。

我们找到这家旅馆时,正值瓢泼大雨,而且一片漆黑,完全看不清眼前的路。前面唯一的文明痕迹就是一个群山环绕的古老村落,名叫巴尔热蒙。要去下一个小镇,必须翻越一座高山。我们的双腿都累得发颤,又下着雨,翻山是绝不可能了。换句话说,巴尔热蒙即是我们最后的希望了。

但那里的所有旅馆要么打烊了,要么住满了。我们找到了唯一还能歇歇脚的餐馆,酒保建议我们去试试疗养院或者教堂。疗养院把我们拒之门外。我当时浑身湿透,看上去狼狈极了,而且有点焦虑,刚想敲教堂的门,突然一个年轻男人急匆匆地跑上来,说着不太流利的英语,请我们去他家住一夜。

不管这是巧合、魔力,还是上帝的讯息。我们只知道他自称查理,说在酒吧听到我们说话了。

我们的这位救世主有着瘦长而结实的身材,很像卡拉瓦乔作品中的人物。我看到他的双手,胖胖的,手指粗短。他的脸轮廓分明,有乱蓬蓬的胡楂。

我同时产生了两种感觉:恐惧和轻松,后者要更强烈一些。查理身上有一种特质,比如眼中闪烁的真诚,开朗的态度,让我们对他很信任。当时他就是我们的加里·格兰特,在解救困境中的我们。原来我们一直在寻找他,他也在寻找我们。

于是,我们来到查理家中,洗了个痛快的热水澡,坐在他的壁炉前烘干淋湿的衣物,喝着他的红酒,一直畅聊到深夜。他介绍自己的工作是当地的养路工;我们讲起一年一度的巴黎—达喀尔拉力赛。他说起自己在圣马克西姆的老婆离开了他,还带走了孩子。

查理是否和我们需要他一样需要我们?毫无疑问,我们是很认真的听众,也能讲精彩的故事。他很高兴能有人陪伴,也许和陌生人倾吐心声感觉非常好。但我觉得这一切也不能偿还他的善意。我们睡在单独的房间,舒服的大床上,亚麻床单如同旧手帕一样亲切舒适。

早上起来查理已经出门了。他帮我们沏了咖啡,还留了一篮子新鲜的面包。果酱瓶下面压着一张字条,让我们把钥匙交给酒保。

这更加深了我们的震惊,这位主人家怎能如此自由开放地散播他的优雅?我们凭什么担得起这份善意?什么也没有。我们买了一瓶周围能找到的最好最大瓶的酒,放在他的餐桌上,还留下了我们在美国的地址,希望有朝一日能够重逢。

那已经是很多年前的事情了,但查理这优雅的举动一直存在我心间。我们一直寻找着这样一个同伴,但却不知道他的存在。他理解我们的困境,把我们置于他的羽翼之下,带我们走进一个完美的世界。

那天早上,我们走出查理那窄小的联排房,进入阳光中,昨夜感觉只是好几千扇紧闭的门的小村庄,突然好像在唱着一曲热情的欢迎之歌。天空蓝得万里无云,我们骑着单车出发了,并且惊讶地发现,翻山真的好轻松。

优雅生活小贴士

优雅的本质,似乎决定了很难对这个概念下一个定论。这其中的含义万千,似乎是个很难到达的境界。优雅看不见,摸不着,虽然植根于运动之中,却又能超脱于运动之外,存在于静止、沉默和不带偏见的接受当中。更深地挖掘一下,其实优雅的核心就是轻松。对抗重力的作用,让你的行动流畅起来,减少摩擦。把你的天赋释放到这个世界中来。减轻别人的负担。

然而,轻松也不是那么容易掌握的,需要充满动态的训练。记住这一点,想想下面的小贴士:

1. 慢下来,做好计划。如果你特别着急,杂乱无章,那是不可能做到优雅的。

2. 练习宽容和同情。这是随着"慢下来"而来的。花点时间去倾听和理解别人。

3. 为别人让路。在人行道上、在公车站、在咖啡馆、在商务会议上、在你的生活中。

4. 努力为别人提供方便，就算是微不足道的小事。

5. 为自己提供方便。让自己容易取悦。接受被人的夸奖。公车上有人让座，那就坐下，接受给予你的善意。这就是和蔼亲切，也是为别人奉上的礼物。你让别人优雅了一番，这就是很好的礼物。

6. 减轻你的负担。脱下让你疼痛的鞋子，甩掉沉重的挎包、背包和公文包。让糟糕的东西消失无踪，无论是身体还是情感方面的。

7. 管理好你的身体。你动得越多，就能动得越好，你的感觉也会越好。

8. 锻炼极好的观察力，在最意想不到的地方寻找优雅的身影。

9. 慷慨大方，这是非常棒的品格，能够为别人带来希望。

10. 享受生活。像电影《大饭店》中的莱昂纳尔·巴里摩尔那样，举起酒杯："敬这辉煌、短暂、危险的人生，敬我们度过这一生的勇气！"

致谢

回想多年来写作这本书的过程,我脑中一直回响着乔治·桑塔亚纳(George Santayana)说的,家庭是自然的代表作之一。我的家庭是那么温暖、宽容、美好,对他们,我有着最深切的感激。特别感谢我那心胸广大又特别善良的丈夫约翰,你为我端上咖啡与美酒,还有爱。也感谢几个充满魅力、特别美好、我们得以荣幸地称之为孩子的人:齐克、阿萨和安娜贝尔。

我真诚感谢艾迪·帕拉佐(Eddy Palanzo),《华盛顿邮报》优秀的照片管理员与研究员,她坚持不懈而又愉快地帮我寻找照片。我还深深感激《邮报》的理查德·阿尔达库辛(Richard Aldacushion),慷慨地许可我使用这些照片,并且感谢那些拍摄这些照片的天才摄影师,能收录你们的作品,我实在激动万分。还要感谢其他提供了相关帮助的人们,富兰克林·罗斯福总统图书馆的马修·汉森(Matthew C. Hanson)、国会图书馆的多娜·尤索(Donna Urschel),以及理查德·瓦朗特(Richard Valente),向你们深深地鞠一躬。

我很多现在和过去的《邮报》同事都鼓励和协助过我。特别是编辑克里斯丁·莱德贝特（Christine Ledbetter），这是我心中最优雅的人；还有伟大的亨利·埃伦（Henry Allen），我的好友与精神导师；以及米歇尔·伯尔斯坦因（Michelle Boorstein）、马库斯·布拉切利（Marcus Brauchli）、迈克尔·卡纳（Michael Cavna）、约翰·德内尔（John Deiner）、罗宾·格汗（Robin Givhan）、皮特·考夫曼（Peter Kaufman）、奈德·马特尔（Ned Martel）、凯文·梅里达（Kevin Merida）、克里斯·理查德兹（Chris Richards）和尼利·塔克尔（Neely Tucker）。

感谢所有这本书里采访过和提到的人们，感谢你们耐心回答我无穷无尽的问题。也感谢其他很多给予我真知灼见，启发我思考的人。包括马里兰大学英语文学教授和历史学家简·多纳威尔斯（Jane L. Donawerth）、哥伦比亚大学社会学家普莉希拉·弗格森（Priscilla Parkhurst Ferguson）、威斯康辛—密尔沃基大学的加里·卡斯特罗（Cary Gabriel Costello）、瑜伽教练玛利亚·汉布格尔（Maria Hamburger）和芭芭拉·本纳哈（Barbara Benagh），还有巴洛克舞蹈专家凯瑟琳·图罗西（Catherine Turocy），慷慨地分享了她关于欧洲宫廷传统以及身体语言的知识，并和我探讨今天能从中学到什么。同时还要感谢戴纳·博格斯（Dana Tai Soon Burgess）、亚历珊德拉·费里（Alessandra Ferri）、茱蒂·汉森（Judy Hansen）、托尼·鲍威尔（Tony Powell）、艾米·珀迪（Amy Purdy）、希尔玛拉·雷耶斯（Xiomara Reyes）和贝利卡·里策尔（Rebecca Ritzel），感谢你们和我分享对优雅和其他美好事物的真知灼见。

衷心感谢我的代理巴尼·卡普芬格（Barney Karpfinger），他对这本书有着坚定的信心，不停地鼓励我，无私地奉献各种很有价值的想法，并且自己也为我树立了善良与优雅的典范。对于我出版公司的优秀团队，我亏欠良多，特别感谢阿兰·梅森（Alane Salierno Mason）细致的修改，你就是行业的"金标准"。这么精巧、敏锐、细致的合作者，真是求也求不来。我也感激那些优秀的设计师，感谢雷米·考利（Remy Cawley），感谢爱丽丝·拉（Alice Rha），还要感谢杰西卡·福德里曼（Jessica R. Friedman）提供法律上的专业帮助。感谢卡米尔·史密斯（Camille Smith）和史蒂芬妮·希尔伯特（Hiebert）在校对和编辑原稿时提供了敏锐的双眼和深刻的建议。

满怀着语言无法表达的爱，我要感激我的父母和我的英雄们，理查德和凯瑟琳，最亲爱的狄丽思，我出色的哥哥大卫，以及我平静的港湾哈维。也感谢拉里、帕特丽夏、埃伦，我的嫂子萨斌。多年前，在她的婚礼上，对于我这个还不算家庭成员的人，她用最大的善意，交付了新娘的捧花。这简单的姿态和包容的心，让我内心充满感恩，而这正是这本书的主题。

泰然自若，独立于世
——《优雅的艺术》翻译手记

身边有两种朋友，特别能给我养分。

一种是那种"出场自带背景音乐"的，你看他／她向你走过来，像一棵树有了生命。背那么挺，腰如此直，男的器宇轩昂，女的摇曳生姿，却又完全不带做作之态，别人费了很大心力才能做到的时时刻刻抬头挺胸，于他们，不过像呼吸一样自然。他们的步态与身形，似乎把周围的风都带动起来了，空气中飘浮着悠扬的音符。看着他们，我也会不自觉地更挺拔一些，好像身体突然被上了个无形的撑子，平时畏畏缩缩的头、手、脚，整个都舒展开了。

另一种则像是甘霖，浇灌出我心上的花朵。他们有时候沉默不语，倾听别人的话，只是点点头或者微微一笑，仿佛就点亮了一盏明灯。他们如果开口说话，总是语气平稳镇定，像山间的禅者，却绝不故作高深，简单一两句话，能让人醍醐灌顶。你看他们的眼睛，能看到洞悉世事之后的云淡风轻；言行永远亲切得体，是和蔼平易的智者。

无论哪一种，都让我如沐春风，时时刻刻想要接近，总是心向往之，下意识地模仿。

一直在寻找合适的词汇，来概括这种气质，在我眼中，他们最能代表我心中对美的追求，外在美、内在美、形体美与人性美。但"美"这个字眼，似乎还是太过宽泛了。

终于，这本书给了我答案。

必须承认，一开始同意翻译这本书，是因为编辑把书给我发过来，我看了看第一章开头，有奥黛丽·赫本的名字，立刻就答应了。哪个女孩子又没被这位人间天使迷住过呢？

结果，作者写的是赫本出丑，加里·格兰特帮她解围，原来重点是这位男主角。带着那么点小小的失望，我继续读下去，后来却早就忘记这不快的插曲，只是频频点头。

我终于知道了，我的那些朋友，给我带来温暖舒适的感觉，带来雨露阳光般养分的朋友，他们身上的气质，可以统称为"优雅"。

从前想到"优雅"这个词，眼前浮现的都是那些不似在人间的"冰美人"，昂着高傲的头颅，伸着遥不可及的天鹅颈，飘逸的衣服，走起路来如在云端。这本书给了我一个新的启示，原来优雅可以存在于你我的一言一行中，存在于平时生活那些最微小琐碎的日常中。翻译完这本书，我似乎更加仔细地去观察和欣赏身边的人了。看我手提重物主动帮我开门的保安大哥，那一刻与人方便的他是优雅的；

曾经遭遇车祸缠绵病榻多年却从来都微笑着寻求改变的我自己，在这个过程中是优雅的；商场里推开门时轻轻把门留给后面进来的人的那个不起眼的女孩子，她是优雅的；拥挤的地铁里把善意微笑送给我的路人，他是优雅的；院子里那位每天穿着旗袍去菜市场，走路昂首挺胸却又轻松自如的老太太，她是优雅的……这本书给我一种不由自主的洞察和思考，我发现，有了优雅这种品质的加持，我们会对这个世界更宽容，而这样的宽容，除了让别人更快乐舒适以外，重点其实是让我们自己更平和、更幸福。

当然，优雅也存在于影视明星、运动健将、舞蹈演员等公众人物中。阅读和翻译这本书的过程中，我最大的感受是"恍然大悟"，啊，怪不得《费城故事》让我那么百看不厌，有时候甚至脱离了本身的情节，原来是因为男女主角从内而外散发的优雅；啊，难怪加里·格兰特在那个巨星辈出的年代也能做"女神收割机"，原来他戏里张弛有度，戏外也是优雅绅士令人着迷；啊，难怪看舞蹈表演，有些人技术出众却不能触动我的心，有些人不刻意炫技却让我心旌摇曳，原来是因为那轻松舒服的优雅；啊，怪不得看网球比赛的时候，我的目光全被罗杰·费德勒给吸引过去了，就算和他比赛的也是充满荷尔蒙的大帅哥，原来是因为他那如在空气中飞跃翱翔的优雅……原来吸引我的一切爱与美、智慧与光芒，都是优雅。

因为有了这些熠熠生辉的人性优雅，再加上作者平易的描述和评论，翻译的过程在语言上可以说没有遇到什么大的困难，只是每次作者提到的人物，都让我不由自主地去查找相关资料，如痴如醉地一看许久（看了多场体育比赛、几部电影、音乐剧、舞台剧、舞蹈表演和很多影像资料）。这不也正说明了优雅的魅力吗？

"优雅"的英文单词"Grace"其实有非常广泛的含义，光是宗教意义上的"恩慈"这个意思，就能做很多层面的解读。而作者在书中，把这个含义也归纳为优雅的一种。从本质上说，天上的神明，就是因为拥有这样一种广大的优雅，才能把恩惠降临给世人。而我想说，如果你心中有优雅，那么人人皆神明。书中有不少的照片，那些人物都是优雅的典范。其中作者非常喜欢的芭蕾舞演员玛戈特·芳婷的照片选了两张，一张是她年轻时身穿芭蕾舞裙的美丽背影；一张是她已经老去、捧着酒杯笑得灿烂的脸庞；虽然一张是年轻貌美，风靡于世的阿修罗，一张是沟壑纵横、历经沧桑的老妇人，她身上那份平静从容，却因为优雅的一生相随，毫无改变。这是非常奇妙的魔力。那时那刻她便是神明。作者给这两张图片配了同样的解说，"at ease in the world"，我的翻译做了自己的解读，"泰然自若，独立于世"。我想优雅是有这种力量的。愿你捧读这本书时，也能感觉到这种泰然自若，能有神明在心，伴你优雅于世。

译者　何雨珈

一个女人拥有优雅就会拥有一切

著作权合同登记号 图字：30-2017-094
THE ART OF GRACE:On Moving Well Through Life
by Sarah L. Kaufman
Copyright © 2016 by Sarah L. Kaufman
Simplified Chinese translation copyright © 2018
by ThinKingdom Media Group Ltd.
This edition published through Bardon-Chinese Media Agency
ALL RIGHTS RESERVED

图书在版编目（CIP）数据

优雅的艺术 ／（美）莎拉·考夫曼著；何雨珈译
. —— 海口：南海出版公司，2018.11
 ISBN 978-7-5442-9286-3

Ⅰ．①优… Ⅱ．①莎… ②何… Ⅲ．①修养－通俗读物 Ⅳ．① B825-49

中国版本图书馆 CIP 数据核字（2018）第 078211 号

优雅的艺术

〔美〕莎拉·考夫曼 著
何雨珈 译

出　　版	南海出版公司　（0898）66568511
	海口市海秀中路 51 号星华大厦五楼　邮编 570206
发　　行	新经典发行有限公司
	电话（010）68423599　邮箱 editor@readinglife.com
经　　销	新华书店
责任编辑	李玉珍
策　　划	好读文化
封面设计	所以设计馆
内文制作	一鸣文化
印　　刷	北京盛通印刷股份有限公司
开　　本	850 毫米 ×1168 毫米　1/32
印　　张	10.5
字　　数	180 千
版　　次	2018 年 11 月第 1 版
印　　次	2018 年 11 月第 1 次印刷
书　　号	ISBN 978-7-5442-9286-3
定　　价	52.00 元

版权所有，未经书面许可，不得转载、复制、翻印，违者必究。